煤矿新工人、其他从业人员安全培训教材

主　编　张晓彻

中国矿业大学出版社
·徐州·

内 容 提 要

本书是煤矿新工人及其他从业人员安全培训专用教材。全书根据新时代、新阶段我国煤矿企业员工培训的具体要求，以习近平新时代中国特色社会主义思想为指导，严格遵照国家有关安全生产培训法律法规的要求进行编写。全书重点突出煤矿各生产环节可能出现的风险和现场人员的实际需求，理论与实践相结合，力求内容全面且具有时效性和针对性，旨在为广大煤矿现场作业人员提供一个易于认知、便于操作的煤矿安全生产实践教材。

本书既适用于煤矿从业人员教育教学，又能满足煤矿有关人员自学要求。

图书在版编目(CIP)数据

煤矿新工人、其他从业人员安全培训教材/张晓御主编.—徐州：中国矿业大学出版社，2023.9

ISBN 978-7-5646-5962-2

Ⅰ. ①煤… Ⅱ. ①张… Ⅲ. ①煤矿—安全生产—安全培训—教材 Ⅳ. ①TD7

中国国家版本馆 CIP 数据核字(2023)第 183608 号

书　　名　煤矿新工人、其他从业人员安全培训教材
主　　编　张晓御
责任编辑　齐　畅
出版发行　中国矿业大学出版社有限责任公司
(江苏省徐州市解放南路　邮编 221008)
营销热线　(0516)83885370　83884103
出版服务　(0516)83995789　83884920
网　　址　http://www.cumtp.com　**E-mail**:cumtpvip@cumtp.com
印　　刷　徐州中矿大印发科技有限公司
开　　本　850 mm×1168 mm　1/32　**印张** 8.75　**彩页** 8　**字数** 239 千字
版次印次　2023 年 9 月第 1 版　2023 年 9 月第 1 次印刷
定　　价　23.00 元

(图书出现印装质量问题，本社负责调换)

《煤矿新工人、其他从业人员安全培训教材》编写委员会

主　　编	张晓彻		
副 主 编	李建文	宋　博	
编　　委	张忠贵	刘　斌	余争虎
	魏文亮	肖　明	延士奇
	石景帅	谢周周	张　伟

前 言

本书是煤矿新工人及其他从业人员安全培训专用教材。全书根据新时代、新阶段我国煤矿企业员工培训的具体要求，以习近平新时代中国特色社会主义思想为指导，严格遵照国家有关安全生产培训法律法规的要求进行编写，力求贴近煤矿生产现状，体现煤矿生产实际。

本书紧密贴合煤矿新工人及其他从业人员认知特点和岗位能力要求，将理论与实践相结合，重点突出煤矿各生产环节可能出现的风险和现场人员的实际需求，力求内容全面且具有时效性和针对性，旨在为广大煤矿现场作业人员提供一个易于认知、便于操作的煤矿安全生产实践教材。本书既适用于教学，又能满足煤矿有关人员自学要求。

本书由陕西铜川工业技师学院（铜川矿务局安全培训中心）在《煤矿新工人、从业人员培训教材》（2009 年 5 月第 1 版）的基础上修订、编写而成。在修订、编写期间，我们走访调研了有关煤矿企业，吸取了广大培训学员的宝贵意见和建议。同时，我们得到了陕西省应急管理厅及各产煤市县有关领导、煤矿企业同人的指导和帮助，对此表示衷心的感谢。

本书在编写过程中参考、引用了有关文献资料，在此向所有作者表示衷心的感谢。

由于作者水平有限，本书定有不妥之处，敬请斧正。

作 者

2023 年 8 月

目　　录

第一章　煤矿安全生产方针及法律法规

第一节　煤矿安全生产现状

煤炭是国民经济和社会发展的基础，在我国一次能源生产和消费结构中占60%左右，在相当长时期内，煤炭仍将是我国的主要能源。自中华人民共和国成立至2021年年底，煤炭行业贡献了约965亿吨煤炭。我国煤炭年产量由1949年的3 000余万吨，增加到2022年的45.6亿吨，我国成为世界第一产煤大国。

中华人民共和国成立以来，党和政府十分重视煤矿安全生产，先后制定一系列有关煤矿安全生产的法规，强化灾害治理，使全国煤矿安全事故逐渐减少，安全生产状况逐步趋向好转。但是，受诸多方面因素的制约与限制，我国煤矿事故多、伤亡大的局面尚未得到根本好转，煤矿事故每年死亡人数都位于全国各个行业事故之首。煤矿事故给煤矿职工家庭带来了极大的痛苦，也给国家带来了巨大的损失和影响。2005年9月3日，国务院印发《国务院关于预防煤矿生产安全事故的特别规定》以后，国家对全国的煤矿进行了全面治理整顿，关闭了一大批不合格、不具备安全生产条件的煤矿，也使生产矿井的安全生产条件得到了全面提高，全国的煤矿安全形势逐步好转，死亡人数和百万吨死亡率都得到了全面下降。2012—2021年全国煤矿百万吨死亡率见图1-1。

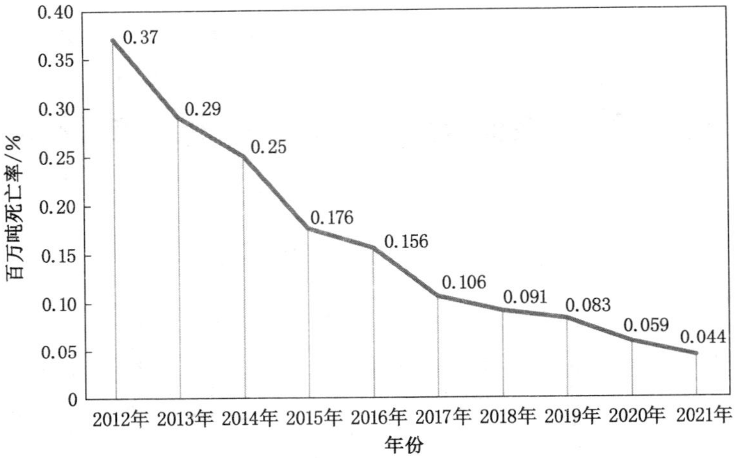

图 1-1　2012—2021 年全国煤矿百万吨死亡率

第二节　煤矿安全生产方针

一、安全生产方针的内容

安全生产，是指在社会生产活动中，通过人、机、物、环境的和谐运作，使生产过程中潜在的各种事故风险和伤害因素始终处于有效控制状态，切实保护劳动者的生命安全和身体健康。安全生产方针是国家对安全生产工作总的要求，是安全生产工作的指导思想和行为准则。我国长期坚持"安全第一、预防为主、综合治理"的安全生产方针。这个方针是我国党和政府根据工作的实际情况，逐步总结出来的。多年来的实践证明，我国的安全生产方针是完全正确的。根据这一方针，国家制定了一系列安全生产的政策、法令、法规和规程，安全生产工作取得了巨大的成就。

"安全第一"是指强调安全，强调人的生命与健康高于一切，安全优先，以人为本，把安全放在一切工作的首位。煤矿企业要树立红线意识，落实“不安全不生产，隐患不排除不生产，安全措施不落实不生产”的原则，井下从业人员要珍惜自身生命健康，保持随时、随地安全生产的习惯，杜绝侥幸心理，实现自主保安、相互保安。

“预防为主”是指实现安全生产的主要工作在于预防，把安全生产工作的关口前移，超前防范，通过预防工作及时把各类事故消灭在萌芽之中。一切隐患都是可以消除的，一切事故都是可以预防的。煤矿企业要建立隐患排查、事故预防机制，采取有效的事前控制措施，保证安全生产。井下作业人员要自觉执行作业规程和操作规程，严格遵守劳动纪律，搞好安全生产。

“综合治理”是指综合运用各种手段，包括加强安全生产管理，保证安全生产投入，加强安全生产教育培训，做好业务保安、科技兴安工作，充分发挥各方面的安全监督作用，从而保证安全生产。“综合治理”要求做到全方位、全过程、全员管理；重视科学技术对煤矿安全的重要支撑作用，提高煤矿生产机械化、自动化、信息化、智能化水平。“综合治理”是安全生产工作的重心所在，是保证安全管理目标实现的重要途径。

“安全第一、预防为主、综合治理”的安全生产方针是一个有机统一的整体。安全第一是目的，是预防为主、综合治理的统帅和灵魂，没有安全第一的思想，预防为主就失去了思想支撑，综合治理就失去了整治依据。预防为主是实现安全第一的根本途径。只有把安全生产的重点放在建立事故隐患预防体系上，超前防范，才能有效减少事故发生，实现安全第一。综合治理是落实安全第一、预防为主的手段和方法。只有不断健全和完善综合治理工作机制，才能有效贯彻安全生产方针，真正把安全第一、预防为主落到实处，实现安全生产。

二、安全生产方针对于井下一般从业人员的要求

（1）牢固树立“安全第一”的思想，不安全不生产。

(2) 遵守班组安全管理制度,学法、知法、守法,树立依法进行煤矿安全生产作业的意识。

(3) 遵纪守规,杜绝“三违”(违章指挥、违章作业、违反劳动纪律)现象。

(4) 遵守本工种质量标准化标准,按照安全操作规程作业,做到操作标准化。

(5) 参加安全生产培训,掌握煤矿安全知识和实际操作技能。

(6) 做好劳动保护,避免职业伤害。

(7) 工作中随时检查自己所处的作业环境,做到自主保安和相互保安。

(8) 树立安全意识,实现由“要我安全”向“我要安全”和“我能安全”的转变。

第三节 煤矿安全生产法律法规

一、我国煤矿安全生产法律法规体系

中华人民共和国成立以来、特别是改革开放以来,我国的立法工作发展较快,煤矿安全生产法律法规体系已经形成,主要有四个层次。

(1) 全国人大及其常务委员会颁布的关于安全生产的法律。

如《中华人民共和国安全生产法》(以下简称《安全生产法》)、《中华人民共和国矿山安全法》(以下简称《矿山安全法》)、《中华人民共和国煤炭法》(以下简称《煤炭法》)、《中华人民共和国矿产资源法》(以下简称《矿产资源法》)、《中华人民共和国劳动法》(以下简称《劳动法》)、《中华人民共和国职业病防治法》(以下简称《职业病防治法》)、《中华人民共和国劳动合同法》(以下简称《劳动合同法》)等。

(2) 国务院颁布的关于安全生产的行政法规。

如《煤矿安全监察条例》、《安全生产许可证条例》、《煤炭生产许可证管理办法》、《国务院关于特大安全事故行政责任追究的规定》、《矿山安全法实施条例》、《生产安全事故报告和调查处理条例》、《关于加强国有重点煤矿安全基础管理的指导意见》、《关于加强小煤矿安全基础管理的指导意见》、《工伤保险条例》等。

（3）省（自治区、直辖市）级人民代表大会及其常务委员会颁布的关于安全生产的地方性法规。

（4）国务院有关部委、地方政府颁布的安全生产的规章和地方政府规章。

如《国务院关于预防煤矿生产安全事故的特别规定》、《安全生产违法行为行政处罚办法》、《煤矿安全监察行政处罚办法》、《煤矿安全培训规定》、《煤矿安全规程》等。

二、煤矿安全生产相关法律法规简介

（一）《安全生产法》

《安全生产法》于 2002 年 6 月 29 日第九届全国人民代表大会常务委员会第二十八次会议通过，自 2002 年 11 月 1 日起施行。2009 年 8 月 27 日第一次修正，2014 年 8 月 31 日第二次修正。2021 年 6 月 10 日，根据第十三届全国人民代表大会常务委员会第二十九次会议《关于修改〈中华人民共和国安全生产法〉的决定》第三次修正。这是我国第一部规范安全生产的综合性基础法律。部分条文如下。

第一条　为了加强安全生产工作，防止和减少生产安全事故，保障人民群众生命和财产安全，促进经济社会持续健康发展，制定本法。

第三条　安全生产工作坚持中国共产党的领导。

安全生产工作应当以人为本，坚持人民至上、生命至上，把保护人民生命安全摆在首位，树牢安全发展理念，坚持安全第一、预防为主、综合治理的方针，从源头上防范化解重大安全风险。

安全生产工作实行管行业必须管安全、管业务必须管安全、管生产经营必须管安全，强化和落实生产经营单位主体责任与政府监管责任，建立生产经营单位负责、职工参与、政府监管、行业自律和社会监督的机制。

第四条　生产经营单位必须遵守本法和其他有关安全生产的法律、法规，加强安全生产管理，建立健全全员安全生产责任制和安全生产规章制度，加大对安全生产资金、物资、技术、人员的投入保障力度，改善安全生产条件，加强安全生产标准化、信息化建设，构建安全风险分级管控和隐患排查治理双重预防机制，健全风险防范化解机制，提高安全生产水平，确保安全生产。

平台经济等新兴行业、领域的生产经营单位应当根据本行业、领域的特点，建立健全并落实全员安全生产责任制，加强从业人员安全生产教育和培训，履行本法和其他法律、法规规定的有关安全生产义务。

第六条　生产经营单位的从业人员有依法获得安全生产保障的权利，并应当依法履行安全生产方面的义务。

第七条　工会依法对安全生产工作进行监督。

生产经营单位的工会依法组织职工参加本单位安全生产工作的民主管理和民主监督，维护职工在安全生产方面的合法权益。生产经营单位制定或者修改有关安全生产的规章制度，应当听取工会的意见。

第十六条　国家实行生产安全事故责任追究制度，依照本法和有关法律、法规的规定，追究生产安全事故责任单位和责任人员的法律责任。

第十八条　国家鼓励和支持安全生产科学技术研究和安全生产先进技术的推广应用，提高安全生产水平。

第十九条　国家对在改善安全生产条件、防止生产安全事故、参加抢险救护等方面取得显著成绩的单位和个人，给予奖励。

第二十条　生产经营单位应当具备本法和有关法律、行政法规和国家标准或者行业标准规定的安全生产条件；不具备安全生产条件的，不得从事生产经营活动。

第二十八条　生产经营单位应当对从业人员进行安全生产教育和培训，保证从业人员具备必要的安全生产知识，熟悉有关的安全生产规章制度和安全操作规程，掌握本岗位的安全操作技能，了解事故应急处理措施，知悉自身在安全生产方面的权利和义务。未经安全生产教育和培训合格的从业人员，不得上岗作业。

生产经营单位使用被派遣劳动者的，应当将被派遣劳动者纳入本单位从业人员统一管理，对被派遣劳动者进行岗位安全操作规程和安全操作技能的教育和培训。劳务派遣单位应当对被派遣劳动者进行必要的安全生产教育和培训。

生产经营单位接收中等职业学校、高等学校学生实习的，应当对实习学生进行相应的安全生产教育和培训，提供必要的劳动防护用品。学校应当协助生产经营单位对实习学生进行安全生产教育和培训。

生产经营单位应当建立安全生产教育和培训档案，如实记录安全生产教育和培训的时间、内容、参加人员以及考核结果等情况。

第二十九条　生产经营单位采用新工艺、新技术、新材料或者使用新设备，必须了解、掌握其安全技术特性，采取有效的安全防护措施，并对从业人员进行专门的安全生产教育和培训。

第三十条　生产经营单位的特种作业人员必须按照国家有关规定经专门的安全作业培训，取得相应资格，方可上岗作业。

特种作业人员的范围由国务院应急管理部门会同国务院有关部门确定。

第五十一条　生产经营单位必须依法参加工伤保险，为从业人员缴纳保险费。

国家鼓励生产经营单位投保安全生产责任保险；属于国家规

定的高危行业、领域的生产经营单位，应当投保安全生产责任保险。具体范围和实施办法由国务院应急管理部门会同国务院财政部门、国务院保险监督管理机构和相关行业主管部门制定。

第六十一条　生产经营单位使用被派遣劳动者的，被派遣劳动者享有本法规定的从业人员的权利，并应当履行本法规定的从业人员的义务。

第一百零九条　高危行业、领域的生产经营单位未按照国家规定投保安全生产责任保险的，责令限期改正，处五万元以上十万元以下的罚款；逾期未改正的，处十万元以上二十万元以下的罚款。

第一百一十一条　有关地方人民政府、负有安全生产监督管理职责的部门，对生产安全事故隐瞒不报、谎报或者迟报的，对直接负责的主管人员和其他直接责任人员依法给予处分；构成犯罪的，依照刑法有关规定追究刑事责任。

第一百一十四条　发生生产安全事故，对负有责任的生产经营单位除要求其依法承担相应的赔偿等责任外，由应急管理部门依照下列规定处以罚款：① 发生一般事故的，处三十万元以上一百万元以下的罚款；② 发生较大事故的，处一百万元以上二百万元以下的罚款；③ 发生重大事故的，处二百万元以上一千万元以下的罚款；④ 发生特别重大事故的，处一千万元以上二千万元以下的罚款。

发生生产安全事故，情节特别严重、影响特别恶劣的，应急管理部门可以按照前款罚款数额的二倍以上五倍以下对负有责任的生产经营单位处以罚款。

（二）《矿山安全法》

该法于1992年11月7日第七届全国人民代表大会常务委员会第二十八次会议通过，1993年5月1日起施行。根据2009年8月27日第十一届全国人民代表大会常务委员会第十次会议《关于修改部分法律的决定》修正。

1. 立法目的

防止矿山事故，保护矿山职工的人身安全，促进采矿工业健康发展，健全矿山法制。

2. 立法指导思想

坚持保护矿工生命安全的宗旨，从实际出发，做到安全综合管理部门监督与矿山企业主管部门的管理相结合，国家监察和群众监督相结合，建立健全各级生产和管理人员的安全生产责任制。

3. 主要内容

该法共8章50条。有关主要内容如下。

第七条　矿山建设工程的安全设施必须和主体工程同时设计、同时施工、同时投入生产和使用。

第九条　矿山设计下列项目必须符合矿山安全规程和行业技术规范：① 矿井的通风系统和供风量、风质、风速；② 露天矿的边坡角和台阶的宽度、高度；③ 供电系统；④ 提升、运输系统；⑤ 防水、排水系统和防火、灭火系统；⑥ 防瓦斯系统和防尘系统；⑦ 有关矿山安全的其他项目。

第十八条　矿山企业必须对下列危害安全的事故隐患采取预防措施：① 冒顶、片帮、边坡滑落和地表塌陷；② 瓦斯爆炸、煤尘爆炸；③ 冲击地压、瓦斯突出、井喷；④ 地面和井下的火灾、水害；⑤ 爆破器材和爆破作业发生的危害；⑥ 粉尘、有毒有害气体、放射性物质和其他有害物质引起的危害；⑦ 其他危害。

第二十五条　矿山企业工会发现企业行政方面违章指挥、强令工人冒险作业或者生产过程中发现明显重大事故隐患和职业危害，有权提出解决的建议；发现危及职工生命安全的情况时，有权向矿山企业行政方面建议组织职工撤离危险现场，矿山企业行政方面必须及时作出处理决定。

第二十六条　矿山企业必须对职工进行安全教育、培训；未经安全教育、培训的，不得上岗作业。矿山企业安全生产的特种作业人员必须接受专门培训，经考核合格取得操作资格证书的，方可上岗作业。

第二十七条　矿长必须经过考核，具备安全专业知识，具有领导安全生产和处理矿山事故的能力。矿山企业安全工作人员必须具备必要的安全专业知识和矿山安全工作经验。

第四十四条　已经投入生产的矿山企业，不具备安全生产条件而强行开采的，由劳动行政主管部门会同管理矿山企业的主管部门责令限期改进；逾期仍不具备安全生产条件的，由劳动行政主管部门提请县级以上人民政府决定责令停产整顿或者由有关主管部门吊销其采矿许可证和营业执照。

（三）《煤炭法》

该法于1996年8月29日第八届全国人民代表大会常务委员会第二十一次会议通过，1996年12月1日起施行。2009年8月27日第一次修正，2011年4月22日第二次修正，2013年6月29日第三次修正。2016年11月7日，根据第十二届全国人民代表大会常务委员会第二十四次会议《关于修改〈中华人民共和国对外贸易法〉等十二部法律的决定》第四次修正。

1. 立法目的

合理开发利用和保护煤炭资源，规范煤炭生产、经营活动，促进和保障煤炭行业的发展。

2. 主要内容

该法共8章81条。相关内容如下。

第三条　煤炭资源属于国家所有。地表或者地下的煤炭资源的国家所有权，不因其依附的土地的所有权或者使用权的不同而改变。

第四条　国家对煤炭开发实行统一规划、合理布局、综合利用的方针。

第五条　国家依法保护煤炭资源，禁止任何乱采、滥挖破坏煤炭资源的行为。

第九条　国家鼓励和支持在开发利用煤炭资源过程中采用先进的科学技术和管理方法。

煤矿企业应当加强和改善经营管理，提高劳动生产率和经济效益。

第十一条　开发利用煤炭资源，应当遵守有关环境保护的法律、法规，防治污染和其他公害，保护生态环境。

第二十条　煤矿投入生产前，煤矿企业应当依照有关安全生产的法律、行政法规的规定取得安全生产许可证。未取得安全生产许可证的，不得从事煤炭生产。

第二十二条　开采煤炭资源必须符合煤矿开采规程，遵守合理的开采顺序，达到规定的煤炭资源回采率。

第四十八条　任何单位或者个人不得危害煤矿矿区的电力、通讯、水源、交通及其他生产设施。

禁止任何单位和个人扰乱煤矿矿区的生产秩序和工作秩序。

（四）《煤矿安全监察条例》

该条例于 2000 年 11 月 7 日中华人民共和国国务院令第 296 号公布，根据 2013 年 7 月 18 日《国务院关于废止和修改部分行政法规的决定》修订，共 5 章 50 条。

该条例明确了煤矿安全监察制度、权利、地位、职责、监察内容、行政处罚种类、工作原则及与政府工作的关系，是我国第一部较为全面的关于煤矿安全监察的行政法规，是依法监察的法律武器，填补了煤矿监察法规的空白，对于依法治矿、促进安全生产具有重大意义。

1. 立法目的和立法背景

立法目的是保障煤矿安全，规范煤矿安全监察工作，保护煤矿职工人身安全和身体健康，促进煤矿健康发展。

制定《煤矿安全监察条例》有 3 个背景：一是煤矿安全监察体

制改革的需要；二是煤矿安全监察机构开展工作的需要；三是改变和促进我国煤矿安全状况根本好转的客观需要。

2. 相关主要内容

第三条　煤矿安全监察机构依法行使职权，不受任何组织和个人的非法干涉。

煤矿及其有关人员必须接受并配合煤矿安全监察机构依法实施的安全监察，不得拒绝、阻挠。

第五条　煤矿安全监察应当以预防为主，及时发现和消除事故隐患，有效纠正影响煤矿安全的违法行为，实行安全监察与促进安全管理相结合、教育与惩处相结合。

第十六条　煤矿安全监察人员进行现场检查时，发现存在事故隐患的，有权要求煤矿立即消除或者限期解决；发现威胁职工生命安全的紧急情况时，有权要求立即停止作业，下达立即从危险区内撤出作业人员的命令，并立即将紧急情况和处理措施报告煤矿安全监察机构。

第二十四条　煤矿安全监察机构发现煤矿矿井通风、防火、防水、防瓦斯、防毒、防尘等安全设施和条件不符合国家安全标准、行业安全标准、煤矿安全规程和行业技术规范要求的，应当责令立即停止作业或者责令限期达到要求。

第二十六条　煤矿安全监察机构发现煤矿作业场所有下列情形之一的，应当责令立即停止作业，限期改正；有关煤矿或其作业场所经复查合格的，方可恢复作业：① 未使用专用防爆电器设备的；② 未使用专用放炮器的；③ 未使用人员专用升降容器的；④ 使用明火明电照明的。

第三十一条　煤矿安全监察人员发现煤矿矿长或者其他主管人员违章指挥工人或者强令工人违章、冒险作业，或者发现工人违章作业的，应当立即纠正或者责令立即停止作业。

第三十二条　煤矿安全监察机构及其煤矿安全监察人员履行

安全监察职责，向煤矿有关人员了解情况时，有关人员应当如实反映情况，不得提供虚假情况，不得隐瞒本煤矿存在的事故隐患以及其他安全问题。

第三十七条　煤矿矿井通风、防火、防水、防瓦斯、防毒、防尘等安全设施和条件不符合国家安全标准、行业安全标准、煤矿安全规程和行业技术规范的要求，经煤矿安全监察机构责令限期达到要求，逾期仍达不到要求的，由煤矿安全监察机构责令停产整顿；经停产整顿仍不具备安全生产条件的，由煤矿安全监察机构决定吊销安全生产许可证，并移送地质矿产主管部门依法吊销采矿许可证。

第三十八条　煤矿作业场所未使用专用防爆电器设备、专用放炮器、人员专用升降容器或者使用明火明电照明，经煤矿安全监察机构责令限期改正，逾期不改正的，由煤矿安全监察机构责令停产整顿，可以处 3 万元以下的罚款。

第四十条　煤矿矿长不具备安全专业知识，或者特种作业人员未取得操作资格证书上岗作业，经煤矿安全监察机构责令限期改正，逾期不改正的，责令停产整顿；调整配备合格人员并经复查合格后，方可恢复生产。

第四十一条　分配职工上岗作业前未进行安全教育、培训，经煤矿安全监察机构责令限期改正，逾期不改正的，由煤矿安全监察机构处 4 万元以下的罚款；情节严重的，由煤矿安全监察机构责令停产整顿；对直接负责的主管人员和其他直接责任人员，依法给予纪律处分。

第四十二条　煤矿作业场所的瓦斯、粉尘或者其他有毒有害气体的浓度超过国家安全标准或者行业安全标准，经煤矿安全监察人员责令立即停止作业，拒不停止作业的，由煤矿安全监察机构责令停产整顿，可以处 10 万元以下的罚款。

第四十四条　煤矿矿长或者其他主管人员有下列行为之一

的，由煤矿安全监察机构给予警告；造成严重后果，构成犯罪的，依法追究刑事责任：① 违章指挥工人或者强令工人违章、冒险作业的；② 对工人屡次违章作业熟视无睹，不加制止的；③ 对重大事故预兆或者已发现的事故隐患不及时采取措施的；④ 拒不执行煤矿安全监察机构及其煤矿安全监察人员的安全监察指令的。

第四十五条　煤矿有关人员拒绝、阻碍煤矿安全监察机构及其煤矿安全监察人员现场检查，或者提供虚假情况，或者隐瞒存在的事故隐患以及其他安全问题的，由煤矿安全监察机构给予警告，可以并处5万元以上10万元以下的罚款；情节严重的，由煤矿安全监察机构责令停产整顿；对直接负责的主管人员和其他直接责任人员，依法给予撤职直至开除的纪律处分。

（五）《国务院关于预防煤矿生产安全事故的特别规定》

该规定于2005年9月3日以中华人民共和国国务院令第446号公布，自公布之日起施行。根据2013年7月18日《国务院关于废止和修改部分行政法规的决定》修订。

该规定第八条明确规定，煤矿有下列重大安全生产隐患和行为的，应当立即停止生产，排除隐患：

(1) 超能力、超强度或者超定员组织生产的。

(2) 瓦斯超限作业的。

(3) 煤与瓦斯突出矿井，未依照规定实施防突出措施的。

(4) 高瓦斯矿井未建立瓦斯抽放系统和监控系统，或者瓦斯监控系统不能正常运行的。

(5) 通风系统不完善、不可靠的。

(6) 有严重水患，未采取有效措施的。

(7) 超层越界开采的。

(8) 有冲击地压危险，未采取有效措施的。

(9) 自然发火严重，未采取有效措施的。

(10) 使用明令禁止使用或者淘汰的设备、工艺的。

(11) 年产 6 万吨以上的煤矿没有双回路供电系统的。

(12) 新建煤矿边建设边生产,煤矿改扩建期间,在改扩建的区域生产,或者在其他区域的生产超出安全设计规定的范围和规模的。

(13) 煤矿实行整体承包生产经营后,未重新取得安全生产许可证,从事生产的,或者承包方再次转包的,以及煤矿将井下采掘工作面和井巷维修作业进行劳务承包的。

(14) 煤矿改制期间,未明确安全生产责任人和安全管理机构的,或者在完成改制后,未重新取得或者变更采矿许可证、安全生产许可证和营业执照的。

(15) 有其他重大安全生产隐患的。

(六)《生产安全事故报告和调查处理条例》

《生产安全事故报告和调查处理条例》于 2007 年 3 月 28 日以中华人民共和国国务院令第 493 号公布,自 2007 年 6 月 1 日起施行。

第九条规定,事故发生后,事故现场有关人员应当立即向本单位负责人报告;单位负责人接到报告后,应当于 1 小时内向事故发生地县级以上人民政府安全生产监督管理部门和负有安全生产监督管理职责的有关部门报告。情况紧急时,事故现场有关人员可以直接向事故发生地县级以上人民政府安全生产监督管理部门和负有安全生产监督管理职责的有关部门报告。

第十二条规定,报告的内容应包括:事故发生单位概况,事故发生的时间、地点及事故现场情况,事故的简要经过,事故已经造成或者可能造成的伤亡人数等。

发生事故后,事故调查处理过程中最重要的一条原则就是"四不放过",即事故原因没有查清不放过,事故责任者没有严肃处理不放过,广大职工没有受到教育不放过,防范措施没有落实不放过。煤矿职工要牢记事故教训,提高责任意识、安全意识和自我保护能力，避免安全事故的发生。

（七）《工伤保险条例》

《工伤保险条例》于2003年4月27日以国务院令第375号公布，自2004年1月1日起施行。2010年12月20日，根据《国务院关于修改〈工伤保险条例〉的决定》修订。

有关内容如下。

1. 建立工伤保险基金的目的

保障因工作遭受事故伤害或者患职业病的职工获得医疗救治和经济补偿，促进工伤预防和职业康复，分散用人单位的工伤风险。

2. 缴费原则

用人单位应当按时缴纳工伤保险费。职工个人不缴纳工伤保险费。

3. 认定为工伤的情形

（1）在工作时间和工作场所内，因工作原因受到事故伤害的。

（2）工作时间前后在工作场所内，从事与工作有关的预备性或者收尾性工作受到事故伤害的。

（3）在工作时间和工作场所内，因履行工作职责受到暴力等意外伤害的。

（4）患职业病的。

（5）因工外出期间，由于工作原因受到伤害或者发生事故下落不明的。

（6）在上下班途中，受到非本人主要责任的交通事故或者城市轨道交通、客运轮渡、火车事故伤害的。

（7）法律、行政法规规定应当认定为工伤的其他情形。

职工有下列情形之一的，视同工伤：

（1）在工作时间和工作岗位，突发疾病死亡或者在48小时之内经抢救无效死亡的。

(2) 在抢险救灾等维护国家利益、公共利益活动中受到伤害的。

(3) 职工原在军队服役,因战、因公负伤致残,已取得革命伤残军人证,到用人单位后旧伤复发的。

职工符合以上规定,但是有下列情形之一的,不得认定为工伤或者视同工伤:

(1) 故意犯罪的。

(2) 醉酒或者吸毒的。

(3) 自残或者自杀的。

4. 工伤认定的申请时限

职工所在单位应当自职工事故伤害发生之日或者被诊断、鉴定为职业病之日起 30 日内,向统筹地区社会保险行政部门提出工伤认定申请。遇有特殊情况,经报社会保险行政部门同意,申请时限可以适当延长。

用人单位未按前款规定提出工伤认定申请的,工伤职工或者其近亲属、工会组织在事故伤害发生之日或者被诊断、鉴定为职业病之日起 1 年内,可以直接向用人单位所在地统筹地区社会保险行政部门提出工伤认定申请。

5. 劳动能力鉴定

职工发生工伤,经治疗伤情相对稳定后存在残疾、影响劳动能力的,应当进行劳动能力鉴定。

劳动能力鉴定是指劳动功能障碍程度和生活自理障碍程度的等级鉴定。

劳动功能障碍分为十个伤残等级,最重的为一级,最轻的为十级。

生活自理障碍分为三个等级:生活完全不能自理、生活大部分不能自理和生活部分不能自理。

6. 关于停工留薪的规定

职工因工作遭受事故伤害或者患职业病需要暂停工作接受工伤医疗的，在停工留薪期内，原工资福利待遇不变，由所在单位按月支付。

停工留薪期一般不超过12个月。伤情严重或者情况特殊，经设区的市级劳动能力鉴定委员会确认，可以适当延长，但延长不得超过12个月。工伤职工评定伤残等级后，停发原待遇，按照本条例的有关规定享受伤残待遇。工伤职工在停工留薪期满后仍需治疗的，继续享受工伤医疗待遇。

生活不能自理的工伤职工在停工留薪期需要护理的，由所在单位负责。

7. 工伤待遇

工伤及职业病伤残等级对应工伤待遇见表1-1，一次性工亡及丧葬补助金、供养亲属抚恤金相关规定见表1-2。

表1-1 工伤及职业病伤残等级对应工伤待遇

伤残等级	一次性伤残补助金	伤残津贴（按月）	劳动关系
一级	27个月的本人工资	本人工资的90%	保留劳动关系，退出工作岗位
二级	25个月的本人工资	本人工资的85%	
三级	23个月的本人工资	本人工资的80%	
四级	21个月的本人工资	本人工资的75%	
五级	18个月的本人工资	本人工资的70%	保留劳动关系，安排适当工作
六级	16个月的本人工资	本人工资的60%	
七级	13个月的本人工资	—	劳动、聘用合同期满终止，或者职工本人提出解除劳动、聘用合同的
八级	11个月的本人工资	—	
九级	9个月的本人工资	—	
十级	7个月的本人工资	—	

表 1-2 一次性工亡及丧葬补助金、供养亲属抚恤金相关规定

一次性工亡补助金	上一年度全国城镇居民人均可支配收入的 20 倍
丧葬补助金	6 个月的统筹地区上年度职工月平均工资
供养亲属抚恤金	配偶每月:死亡职工本人工资的 40%; 其他亲属每月:死亡职工本人工资的 30%; 孤寡老人或孤儿每月:上述标准的基础上增加 10%; 核定的各供养亲属的抚恤金之和不应高于因工死亡职工生前的工资

(八)《煤矿安全培训规定》

为了加强和规范煤矿安全培训工作,提高从业人员安全素质,防止和减少伤亡事故,2017 年 12 月 11 日国家安全监督管理总局第 16 次局长办公会议审议通过并公布《煤矿安全培训规定》,自 2018 年 3 月 1 日起施行。

第四条规定:煤矿企业是安全培训的责任主体,应当依法对从业人员进行安全生产教育和培训,提高从业人员的安全生产意识和能力。煤矿企业主要负责人对本企业从业人员安全培训工作全面负责。

第二十四条规定:煤矿特种作业人员必须经专门的安全技术培训和考核合格,由省级煤矿安全培训主管部门颁发《中华人民共和国特种作业操作证》(以下简称特种作业操作证)后,方可上岗作业。

第二十五条规定:煤矿特种作业人员在参加资格考试前应当按照规定的培训大纲进行安全生产知识和实际操作能力的专门培训。其中,初次培训的时间不得少于 90 学时。

第三十五条规定:煤矿企业其他从业人员的初次安全培训时间不得少于 72 学时,每年再培训的时间不得少于 20 学时。

第三十六条规定:煤矿企业新上岗的井下作业人员安全培训

合格后，应当在有经验的工人师傅带领下，实习满 4 个月，并取得工人师傅签名的实习合格证明后，方可独立工作。工人师傅一般应当具备中级工以上技能等级、3 年以上相应工作经历和没有发生过违章指挥、违章作业、违反劳动纪律等条件。

第三十七条规定：企业井下作业人员调整工作岗位或者离开本岗位一年以上重新上岗前，以及煤矿企业采用新工艺、新技术、新材料或者使用新设备的，应当对其进行相应的安全培训，经培训合格后，方可上岗作业。

（九）《煤矿安全规程》

《煤矿安全规程》于 2016 年 2 月 25 日以国家安全生产监督管理总局令第 87 号公布，自 2016 年 10 月 1 日起施行。该规程是安全生产法律法规体系的重要组成部分，具有强制性、科学性、规范性、稳定性的特点，在煤矿安全生产领域居于主体规章地位，是安全生产监管、监察、执法的重要依据，是规范煤矿安全生产行为的重要准绳。

现行的《煤矿安全规程》根据 2022 年 1 月 6 日应急管理部令第 8 号修正，自 2022 年 4 月 1 日起施行。修订的四项主要原则如下。

第一，严格贯彻落实习近平总书记关于安全生产工作的重要论述精神，并衔接适应新修改的《安全生产法》等法律的规定和要求。

第二，深刻汲取近年来的煤矿灾害事故教训，认真分析灾害事故中暴露出的煤矿安全生产和技术管理漏洞及不合理因素，查找影响煤矿安全生产的危险因素和事故隐患。

第三，衔接协调《煤矿防治水细则》《防治煤与瓦斯突出细则》《防治煤矿冲击地压细则》《煤矿防灭火细则》等煤矿安全规范性文件及相关标准，充分体现《煤矿安全规程》在煤矿安全生产领域的主体规章地位。

第四，解决好《煤矿安全规程(2016版)》实施5年多来煤矿现场管理的重要问题，尽量满足煤矿现场的使用需求。

第四节 法律基础知识及煤矿常见违法行为

法律是由国家制定或认可的、由国家强制力保障实施的、反映统治阶级意志的行为规范的总和。

一、法律基础知识

(一) 违法

1. 违法的概念

违法是指不履行法定义务或做出法律禁止的行为；也就是行为人违反法律规定，从而给社会造成危害，有过错的行为。

2. 违法构成

(1) 必须是一种行为。

(2) 必须是侵犯了客体。

(3) 违法的主体必须是有责任能力的人或法人。

(4) 必须是行为者主观上出于故意或过失。

3. 违法分类

(1) 刑事违法：构成犯罪。

(2) 民事违法：违犯《中华人民共和国民法》(以下简称《民法》)、《中华人民共和国婚姻法》(以下简称《婚姻法》)等。

(3) 行政违法：违犯行政管理法规。

(4) 违犯《中华人民共和国宪法》(以下简称《宪法》)。

4. 法律责任

法律责任是指违法者对其违法行为所造成的对社会和受害者的危害应承担的法律后果。

5. 法律制裁

法律制裁是指特定的国家机关对责任主体依其所负的法律责

任而实施的惩罚性或保护性强制措施。

（1）刑事制裁。

刑事制裁是指触犯了刑事法律，国家对刑事违法者给予的法律制裁。这是法律制裁中最为严厉的一种，包括主刑和附加刑。主刑分为管制、拘役、有期徒刑、无期徒刑、死刑；附加刑有罚金、剥夺政治权利、没收财产等。主刑、附加刑可单独使用，也可一并使用。

（2）民事制裁。

民事制裁是指国家对民事违法者，根据其应承担的法律责任给予的强制性制裁。民事制裁主要有停止侵害、返还财产、赔偿损失、消除影响和恢复名誉、赔礼道歉等。

（3）行政制裁。

行政制裁是指国家机关或企事业单位对违反法律、法规并应追究其行政责任的违法者给予的制裁。行政制裁包括行政处罚和行政处分两种。

① 行政处罚。它是由国家特定的行政机关对行政违法但又构不成犯罪的单位和个人给予的一种制裁，其形式有警告、罚款、没收非法财产、责令改正、责令停产整顿、责令停产、吊销执照或许可证等。

② 行政处分。它是指国家机关和企事业单位对其工作人员和职工的违法、违纪和违章所进行的处分，其形式有警告、记过、记大过、降级、降职、撤职、留用察看和开除等。

（二）犯罪

1. 犯罪的概念

犯罪是指危害社会、触犯刑律应该受到刑事处罚的行为，也是严重的违法行为。

《中华人民共和国刑法》（以下简称《刑法》）第十三条规定：一切危害国家主权、领土完整和安全，分裂国家、颠覆人民民主专政的政权和推翻社会主义制度，破坏社会秩序和经济秩序，侵犯国有财产或者劳动群众集体所有的财产，侵犯公民私人所有的财产，侵犯公民的人身权利、民主权利和其他权利，以及其他危害社会的行为，依照法律应当受刑罚处罚的，都是犯罪，但是情节显著轻微危害不大的，不认为是犯罪。

2. 犯罪的分类

根据犯罪的主观心态，犯罪可分为两种：故意犯罪和过失犯罪。

(1) 故意犯罪。

《刑法》第十四条规定：明知自己的行为会发生危害社会的结果，并且希望或者放任这种结果发生，因而构成犯罪的，是故意犯罪。

故意犯罪，应当负刑事责任。

(2) 过失犯罪。

《刑法》第十五条规定：应当预见自己的行为可能发生危害社会的结果，因为疏忽大意而没有预见，或者已经预见而轻信能够避免，以致发生这种结果的，是过失犯罪。

过失犯罪，法律有规定的才负刑事责任。

过失犯罪分为疏忽大意的过失和过于自信的过失。

3. 犯罪特征

(1) 具有社会危害性，这是一切犯罪的客观属性。

(2) 刑事违法性，即违反刑事法律的禁令。

(3) 应受到惩罚性，多数情况下，是犯罪的必然结果。

二、煤矿生产中常见的违法行为

根据《安全生产法》《矿山安全法》《煤炭法》《煤矿安全监察条例》等法律法规，煤矿生产中常见的违法行为有很多，列举如下。

(1) 安全设施和条件不符合国家安全标准、行业安全标准、《煤矿安全规程》和行业技术规范。

(2) 未使用专用器材设备,或使用不符合国家安全标准或者行业安全标准的设备、器材、仪器、仪表、防护用品。

(3) 未按规定进行安全教育和培训。

(4) 煤矿作业场所的瓦斯、粉尘或者其他有毒有害气体的浓度超过标准。

(5) 违章指挥、违章作业、违反劳动纪律等。

(6) 对事故预兆或者已发现的事故隐患不及时采取措施。

(7) 拒绝、阻碍煤矿安全监察机构及安全监察人员现场检查,或者提供虚假情况、隐瞒存在的事故隐患。

(8) 超能力、超强度、超定员("三超")生产。

此外,从业人员、安全管理人员发现他人违章不加制止也属于违法行为。

《刑法》中规定的犯罪行为主要有以下几种。

(一) 重大责任事故罪

《刑法》第一百三十四条规定:在生产、作业中违反有关安全管理的规定,因而发生重大伤亡事故或者造成其他严重后果的,处三年以下有期徒刑或者拘役;情节特别恶劣的,处三年以上七年以下有期徒刑。

强令他人违章冒险作业,或者明知存在重大事故隐患而不排除,仍冒险组织作业,因而发生重大伤亡事故或者造成其他严重后果的,处五年以下有期徒刑或者拘役;情节特别恶劣的,处五年以上有期徒刑。

(二) 危险作业罪

《刑法》第一百三十四条之一规定,在生产、作业中违反有关安全管理的规定,有下列情形之一,具有发生重大伤亡事故或者其他严重后果的现实危险的,处一年以下有期徒刑、拘役或者管制:

(1) 关闭、破坏直接关系生产安全的监控、报警、防护、救生设备、设施,或者篡改、隐瞒、销毁其相关数据、信息的;

(2) 因存在重大事故隐患被依法责令停产停业、停止施工、停止使用有关设备、设施、场所或者立即采取排除危险的整改措施，而拒不执行的；

(3) 涉及安全生产的事项未经依法批准或者许可，擅自从事矿山开采、金属冶炼、建筑施工，以及危险物品生产、经营、储存等高度危险的生产作业活动的。

(三) 重大安全事故罪

《刑法》第一百三十五条规定：安全生产设施或者安全生产条件不符合国家规定，因而发生重大伤亡事故或者造成其他严重后果的，对直接负责的主管人员和其他直接责任人员，处三年以下有期徒刑或者拘役；情节特别恶劣的，处三年以上七年以下有期徒刑。

(四) 危险物品肇事罪

《刑法》第一百三十六条规定：违反爆炸性、易燃性、放射性、毒害性、腐蚀性物品的管理规定，在生产、储存、运输、使用中发生重大事故，造成严重后果的，处三年以下有期徒刑或者拘役；后果特别严重的，处三年以上七年以下有期徒刑。

(五) 贻误事故抢救(知情不报、谎报、晚报)罪

《刑法》第一百三十九条之一规定：在安全事故发生后，负有报告职责的人员不报或者谎报事故情况，贻误事故抢救，情节严重的，处三年以下有期徒刑或者拘役；情节特别严重的，处三年以上七年以下有期徒刑。

第五节　劳动保护与劳动合同基本知识

一、劳动保护

《宪法》第四十二条规定：国家通过各种途径，创造劳动就业条件，加强劳动保护，改善劳动条件，并在发展生产的基础上，提高劳

动报酬和福利待遇。

《煤炭法》第八条规定：各级人民政府及其有关部门和煤矿企业必须采取措施加强劳动保护，保障煤矿职工的安全和健康。国家对煤矿井下作业的职工采取特殊保护措施。

劳动保护，就是依靠科技进步和先进管理，采取技术和组织措施，消除劳动过程中危及人身安全和健康的不良行为和条件，防止伤亡事故和职业危害，保障劳动者在劳动时的安全和健康。

（一）劳动保护的必要性

《煤炭法》第三十七条规定：煤矿企业应当依法为职工参加工伤保险缴纳工伤保险费。鼓励企业为井下作业职工办理意外伤害保险，支付保险费。

煤矿生产是作业环境充满危险的行业，在生产过程中可能发生伤害事故，有了保险，就可由保险机构承担相关治疗费用和进行赔偿，从而使煤矿职工的权益得到保护。

煤矿井下的作业环境是复杂的、特殊的，主要表现在劳动条件艰苦，比地面田园、车间等任何场所的工作环境都艰苦得多；生产工艺复杂，井下生产是多工种、多方位、多系统、立体交叉连续作业；自然灾害严重，特别是瓦斯、煤尘爆炸，火灾、冒顶事故等，破坏性很大，严重时可导致矿毁人亡。所以，煤矿工人需要劳动保护，也必须进行劳动保护。

劳动保护包括劳动安全、劳动卫生、工时休假，以及女职工和未成年工保护等。

1. 劳动安全

应科学地采取各种有效措施，控制和消除工作中的各种职业危害和不安全因素，避免和努力减少各种工伤事故，保证从业人员不受到伤害。

2. 劳动卫生

应采取各种措施，不断改善作业环境，给从业人员创造宽敞、整洁、卫生的劳动环境，积极消除职业危害，防止职业中毒和职业病的发生，保障从业人员的健康。

3. 工作时间与休息、休假

应合理安排煤矿从业人员的工作和休假，做到劳逸结合，严格控制加班、加点，依法保证劳动者的休息、休假权利，使从业人员能够长期保持健康的身体和旺盛、充沛的精力，不断提高劳动生产力。

4. 女职工及未成年工保护

依据女职工和未成年工的生理特点，应对他们进行特殊保护，使他们在生产建设中发挥更大的作用。

(二) 关于工作时间和休息休假的规定

1. 标准工作日

《劳动法》第三十六条规定：国家实行劳动者每日工作时间不得超过八小时、平均每周工作时间不超过四十四小时工作制度。

《劳动法》第三十八条规定：用人单位应当保证劳动者每周至少休息一日。

2. 国家法定节假日

《劳动法》第四十条规定：用人单位在节假日期间应当依法安排劳动者休假。

2014 年 1 月 1 日起施行的《国务院关于修改〈全国年节及纪念日放假办法〉的决定》规定如下。

(1) 全体公民的节日及放假天数：新年，放假 1 天(1 月 1 日)；春节，放假 3 天(农历正月初一、初二、初三)；清明节，放假 1 天(农历清明当日)；劳动节，放假 1 天(5 月 1 日)；端午节，放假 1 天(农历端午当日)；中秋节，放假 1 天(农历中秋当日)；国庆节，放假 3 天(10 月 1 日、2 日、3 日)。

(2) 部分公民放假的节日、纪念日及放假天数：妇女节(3 月 8 日)，妇女放假半天；青年节(5 月 4 日)，14 周岁以上的青年放假半天；儿童节（6 月 1 日），不满 14 周岁的少年儿童放假 1 天；中国人民解放军建军纪念日（8 月 1 日），现役军人放假半天。

（3）少数民族习惯的节日，由各少数民族聚居地区的地方人民政府，按照该民族习惯，规定放假日期。

（4）全体公民放假的假日，如果适逢星期六、星期日，应当在工作日补假。部分公民放假的假日，如果适逢星期六、星期日，则不补假。

3. 职工全年月平均工作时间和工资折算

劳动和社会保障部于 2008 年 1 月 3 日发布的《关于职工全年月平均工作时间和工资折算问题的通知》规定：

年工作日＝365 天－104 天（休息日）－11 天（法定节假日）
＝250 天

月工作日＝250 天÷12 月＝20.83 天/月

月计薪天数＝（365 天－104 天）÷12 月＝21.75 天

日工资＝月工资收入÷月计薪天数（21.75 天）

小时工资＝月工资收入÷（月计薪天数×8 小时）

4. 职工带薪年休假保护

2008 年 1 月 1 日起施行的《职工带薪年休假条例》做出如下规定。

（1）职工连续工作 1 年以上的，享受带薪年休假（简称年休假）。单位应保证职工享受年休假。职工在年休假期间享受与正常工作期间相同的工资收入。

（2）带薪年休假天数标准。

职工累计工作已满 1 年不满 10 年的，年休假 5 天；已满 10 年不满 20 年的，年休假 10 天；已满 20 年的，年休假 15 天。

国家法定休假日、休息日不计入年休假的假期。

（3）职工有下列情形之一的，不享受当年的年休假：① 职工依法享受寒暑假，其休假天数多于年休假天数的；② 职工请事假累计 20 天以上且单位按照规定不扣工资的；③ 累计工作满 1 年不满 10 年的职工，请病假累计 2 个月以上的；④ 累计工作满 10 年不满 20 年的职工，请病假累计 3 个月以上的；⑤ 累计工作满 20 年以上的职工，请病假累计 4 个月以上的。

5. 加班、加点的保护

(1) 加班、加点的含义。

加班是指职工在国家法定节假日、带薪年休假日和休息日从事工作的现象。

加点是指职工在正常工作日法定标准工作时间以外延长工作时间的现象。

(2)《劳动法》等法规关于加班、加点的规定。

《劳动法》第四十一条规定：用人单位由于生产经营需要，经与工会和劳动者协商后可以延长工作时间，一般每日不得超过一小时；因特殊原因需要延长工作时间的，在保障劳动者身体健康的条件下延长工作时间每日不得超过三小时，但是每月不得超过三十六小时。

第四十二条规定，有下列情形之一的，延长工作时间不受本法第四十一条规定的限制：① 发生自然灾害、事故或者因其他原因，威胁劳动者生命健康和财产安全，需要紧急处理的；② 生产设备、交通运输线路、公共设施发生故障，影响生产和公众利益，必须及时抢修的；③ 法律、行政法规规定的其他情形。

第四十三条规定：用人单位不得违反本法规定延长劳动者的工作时间。

第四十四条规定，有下列情形之一的，用人单位应当按照下列标准支付高于劳动者正常工作时间工资的工资报酬：① 安排劳动者延长工作时间的，支付不低于工资的百分之一百五十的工资报酬；② 休息日安排劳动者工作又不能安排补休的，支付不低于工资的百分之二百的工资报酬；③ 法定休假日安排劳动者工作的，支付不低于工资的百分之三百的工资报酬。

《工资支付暂行规定》第十三条规定：实行计件工资的，在完成计件定额任务后由用人单位安排延长工作时间的，分别按照不低于其本人法定工作时间计件单价的150％、200％和300％支付其工资。

（3）煤矿职工劳动保护用品相关规定。

《安全生产法》第四十五条规定：生产经营单位必须为从业人员提供符合国家标准或者行业标准的劳动防护用品，并监督、教育从业人员按照使用规则佩戴、使用。

《煤炭法》第三十六条规定：煤矿企业必须为职工提供保障安全生产所需的劳动保护用品。

《煤炭法》第三十七条规定：煤矿企业应当依法为职工参加工伤保险缴纳工伤保险费。鼓励企业为井下作业职工办理意外伤害保险，支付保险费。

《劳动法》第五十四条规定：用人单位必须为劳动者提供符合国家规定的劳动安全卫生条件和必要的劳动保护用品，对从事有职业危害作业的劳动者定期进行健康检查。

职工个人劳动保护用品的发放，是保障职工在生产过程中安全与健康的一种辅助性措施，它不能代替机械设备的安全防护和对尘、毒等有害物质的治理。职工个人劳动保护用品不是一般性的福利待遇，应根据企业安全生产需要，按不同工种及不同劳动条件发给职工。严禁将劳动保护用品折合现金发放，发放的劳动保护用品不准转卖。

煤矿从业人员的劳动保护用品主要有以下几种：① 自救器：为防止有害气体中毒而设。② 工作服：必须是纯棉材质。禁止用化纤服作为工作服。③ 安全帽：防止头部被撞、被砸伤。④ 防护鞋（胶靴）。⑤ 防护手套：防止皮肤被伤害。⑥ 呼吸护具：防尘、防毒口罩。⑦ 眼防护用具：防止眼部被伤害。⑧ 听力护具：防止耳部被伤害。

此外，还有防坠落的安全带、安全绳、安全网，用于护肤的护肤膏和洗涤剂等。

二、劳动合同基本知识

《劳动法》第三条规定：劳动者享有平等就业和选择职业的权利、取得劳动报酬的权利、休息休假的权利、获得劳动安全卫生保护的权利、接受职业技能培训的权利、享受社会保险和福利的权利、提请劳动争议处理的权利以及法律规定的其他劳动权利。

劳动者应当完成劳动任务，提高职业技能，执行劳动安全卫生规程，遵守劳动纪律和职业道德。

《劳动法》第十六条规定：劳动合同是劳动者与用人单位确立劳动关系、明确双方权利和义务的协议。建立劳动关系应当订立劳动合同。

《国务院关于解决农民工问题的若干意见》中强调：所有用人单位招用农民工都必须依法订立并履行劳动合同，建立权责明确的劳动关系。

（一）劳动合同分类

1. 固定期限劳动合同

《劳动合同法》第十三条规定：固定期限劳动合同，是指用人单位与劳动者约定合同终止时间的劳动合同。用人单位与劳动者协商一致，可以订立固定期限劳动合同。

2. 无固定期限劳动合同

《劳动合同法》第十四条规定：无固定期限劳动合同，是指用人单位与劳动者约定无确定终止时间的劳动合同。

用人单位与劳动者协商一致，可以订立无固定期限劳动合同。有下列情形之一，劳动者提出或者同意续订、订立劳动合同的，除劳动者提出订立固定期限劳动合同外，应当订立无固定期限劳动合同：① 劳动者在该用人单位连续工作满十年的；② 用人单位初次实行劳动合同制度或者国有企业改制重新订立劳动合同时，劳动者在该用人单位连续工作满十年且距法定退休年龄不足十年的；③ 连续订立两次固定期限劳动合同，且劳动者没有本法第三十九条和第四十条第一项、第二项规定（符合有关解除劳动合同）的情形，续订劳动合同的。

用人单位自用工之日起满一年不与劳动者订立书面劳动合同的，视为用人单位与劳动者已订立无固定期限劳动合同。

3. 以完成一定工作任务为期限的劳动合同

《劳动合同法》第十五条规定：以完成一定工作任务为期限的劳动合同，是指用人单位与劳动者约定以某项工作的完成为合同期限的劳动合同。

用人单位与劳动者协商一致，可以订立以完成一定工作任务为期限的劳动合同。

（二）订立劳动合同的原则

《劳动法》第十七条规定：订立和变更劳动合同，应当遵循平等自愿、协商一致的原则，不得违反法律、行政法规的规定。

劳动合同依法订立即具有法律约束力，当事人必须履行劳动合同规定的义务。

《劳动合同法》第七条规定：用人单位自用工之日起即与劳动者建立劳动关系。

《劳动合同法》第九条规定：用人单位招用劳动者，不得扣押劳动者的居民身份证和其他证件，不得要求劳动者提供担保或者以其他名义向劳动者收取财物。

《劳动合同法》第十条规定：建立劳动关系，应当订立书面劳动合同。已建立劳动关系，未同时订立书面劳动合同的，应当自用工之日起一个月内订立书面劳动合同。用人单位与劳动者在用工前订立劳动合同的，劳动关系自用工之日起建立。

《劳动合同法》第三十五条规定：用人单位与劳动者协商一致，

可以变更劳动合同约定的内容。变更劳动合同，应当采用书面形式。

《劳动合同法》第八十二条规定：用人单位自用工之日起超过一个月不满一年未与劳动者订立书面劳动合同的，应当向劳动者每月支付二倍的工资。

用人单位违反本法规定不与劳动者订立无固定期限劳动合同的，自应当订立无固定期限劳动合同之日起向劳动者每月支付二倍的工资。

（三）劳动合同的内容

《劳动合同法》第十七条规定，劳动合同应当具备以下条款：① 用人单位的名称、住所和法定代表人或者主要负责人；② 劳动者的姓名、住址和居民身份证或者其他有效身份证件号码；③ 劳动合同期限；④ 工作内容和工作地点；⑤ 工作时间和休息休假；⑥ 劳动报酬；⑦ 社会保险；⑧ 劳动保护、劳动条件和职业危害防护；⑨ 法律、法规规定应当纳入劳动合同的其他事项。

劳动合同除前款规定的必备条款外，用人单位与劳动者可以约定试用期、培训、保守秘密、补充保险和福利待遇等其他事项。

（四）无效劳动合同

《劳动合同法》第二十六条规定，下列劳动合同无效或者部分无效：① 以欺诈、胁迫的手段或者乘人之危，使对方在违背真实意思的情况下订立或者变更劳动合同的；② 用人单位免除自己的法定责任、排除劳动者权利的；③ 违反法律、行政法规强制性规定的。

对劳动合同的无效或者部分无效有争议的，由劳动争议仲裁机构或者人民法院确认。

《劳动合同法》第二十七条规定：劳动合同部分无效，不影响其他部分效力的，其他部分仍然有效。

《劳动合同法》第二十八条规定：劳动合同被确认无效，劳动者已付出劳动的，用人单位应当向劳动者支付劳动报酬。劳动报酬的数额，参照本单位相同或者相近岗位劳动者的劳动报酬确定。

（五）劳动合同的解除与终止

1. 用人单位与劳动者双方协商解除劳动合同

《劳动合同法》第三十六条规定：用人单位与劳动者协商一致，可以解除劳动合同。

2. 劳动者解除劳动合同的条件

《劳动合同法》第三十七条规定：劳动者提前三十日以书面形式通知用人单位，可以解除劳动合同。劳动者在试用期内提前三日通知用人单位，可以解除劳动合同。

3. 由于用人单位违规，劳动者解除劳动合同的条件

《劳动合同法》第三十八条规定，用人单位有下列情形之一的，劳动者可以解除劳动合同：① 未按照劳动合同约定提供劳动保护或者劳动条件的；② 未及时足额支付劳动报酬的；③ 未依法为劳动者缴纳社会保险费的；④ 用人单位的规章制度违反法律、法规的规定，损害劳动者权益的；⑤ 因本法第二十六条第一款规定的情形致使劳动合同无效的；⑥ 法律、行政法规规定劳动者可以解除劳动合同的其他情形。

用人单位以暴力、威胁或者非法限制人身自由的手段强迫劳动者劳动的，或者用人单位违章指挥、强令冒险作业危及劳动者人身安全的，劳动者可以立即解除劳动合同，不需事先告知用人单位。

4. 由于劳动者违规，用人单位解除劳动合同的条件

《劳动合同法》第三十九条规定，劳动者有下列情形之一的，用人单位可以解除劳动合同：① 在试用期间被证明不符合录用条件的；② 严重违反用人单位的规章制度的；③ 严重失职，营私舞弊，给用人单位造成重大损害的；④ 劳动者同时与其他用人单位建立劳动关系，对完成本单位的工作任务造成严重影响，或者经用人单

位提出，拒不改正的；⑤ 因本法第二十六条第一款第一项规定的情形致使劳动合同无效的；⑥ 被依法追究刑事责任的。

5. 用人单位提出解除劳动合同的条件

《劳动合同法》第四十条规定，有下列情形之一的，用人单位提前三十日以书面形式通知劳动者本人或者额外支付劳动者一个月工资后，可以解除劳动合同：① 劳动者患病或者非因工负伤，在规定的医疗期满后不能从事原工作，也不能从事由用人单位另行安排的工作的；② 劳动者不能胜任工作，经过培训或者调整工作岗位，仍不能胜任工作的；③ 劳动合同订立时所依据的客观情况发生重大变化，致使劳动合同无法履行，经用人单位与劳动者协商，未能就变更劳动合同内容达成协议的。

6. 用人单位不能解除劳动合同的条件

《劳动合同法》第四十二条规定，劳动者有下列情形之一的，用人单位不得依照本法第四十条、第四十一条的规定解除劳动合同：① 从事接触职业病危害作业的劳动者未进行离岗前职业健康检查，或者疑似职业病病人在诊断或者医学观察期间的；② 在本单位患职业病或者因工负伤并被确认丧失或者部分丧失劳动能力的；③ 患病或者非因工负伤，在规定的医疗期内的；④ 女职工在孕期、产期、哺乳期的；⑤ 在本单位连续工作满十五年，且距法定退休年龄不足五年的；⑥ 法律、行政法规规定的其他情形。

7. 劳动合同终止的条件

《劳动合同法》第四十四条规定，有下列情形之一的，劳动合同终止：① 劳动合同期满的；② 劳动者开始依法享受基本养老保险待遇的；③ 劳动者死亡，或者被人民法院宣告死亡或者宣告失踪的；④ 用人单位被依法宣告破产的；⑤ 用人单位被吊销营业执照、责令关闭、撤销或者用人单位决定提前解散的；⑥ 法律、行政法规规定的其他情形。

8. 劳动合同解除后的经济补偿

《劳动合同法》第四十六条规定，有下列情形之一的，用人单位应当向劳动者支付经济补偿：① 劳动者依照本法第三十八条规定解除劳动合同的；② 用人单位依照本法第三十六条规定向劳动者提出解除劳动合同并与劳动者协商一致解除劳动合同的；③ 用人单位依照本法第四十条规定解除劳动合同的；④ 用人单位依照本法第四十一条第一款（依照企业破产法规定进行重整的）规定解除劳动合同的；⑤ 除用人单位维持或者提高劳动合同约定条件续订劳动合同，劳动者不同意续订的情形外，依照本法第四十四条第一项（劳动合同期满的）规定终止固定期限劳动合同的；⑥ 依照本法第四十四条第四项（用人单位被依法宣告破产的）、第五项（用人单位被吊销营业执照、责令关闭、撤销或者用人单位决定提前解散的）规定终止劳动合同的；⑦ 法律、行政法规规定的其他情形。

9. 劳动合同解除后经济补偿的标准

《劳动合同法》第四十七条规定：经济补偿按劳动者在本单位工作的年限，每满一年支付一个月工资的标准向劳动者支付。六个月以上不满一年的，按一年计算；不满六个月的，向劳动者支付半个月工资的经济补偿。

劳动者月工资高于用人单位所在直辖市、设区的市级人民政府公布的本地区上年度职工月平均工资三倍的，向其支付经济补偿的标准按职工月平均工资三倍的数额支付，向其支付经济补偿的年限最高不超过十二年。

本条所称月工资是指劳动者在劳动合同解除或者终止前十二个月的平均工资。

（六）关于试用期的规定

《劳动合同法》第十九条规定：劳动合同期限三个月以上不满一年的，试用期不得超过一个月；劳动合同期限一年以上不满三年的，试用期不得超过二个月；三年以上固定期限和无固定期限的劳动合同，试用期不得超过六个月。

同一用人单位与同一劳动者只能约定一次试用期。

以完成一定工作任务为期限的劳动合同或者劳动合同期限不满三个月的，不得约定试用期。

试用期包含在劳动合同期限内。劳动合同仅约定试用期的，试用期不成立，该期限为劳动合同期限。

《劳动合同法》第二十条规定：劳动者在试用期的工资不得低于本单位相同岗位最低档工资或者劳动合同约定工资的百分之八十，并不得低于用人单位所在地的最低工资标准。

《劳动合同法》第二十一条规定：在试用期中，除劳动者有本法第三十九条和第四十条第一项、第二项规定的情形外，用人单位不得解除劳动合同。用人单位在试用期解除劳动合同的，应当向劳动者说明理由。

（七）违反《劳动合同法》的责任追究

《劳动合同法》第八十二条规定：用人单位自用工之日起超过一个月不满一年未与劳动者订立书面劳动合同的，应当向劳动者每月支付二倍的工资。

用人单位违反本法规定不与劳动者订立无固定期限劳动合同的，自应当订立无固定期限劳动合同之日起向劳动者每月支付二倍的工资。

《劳动合同法》第八十四条规定：用人单位违反本法规定，扣押劳动者居民身份证等证件的，由劳动行政部门责令限期退还劳动者本人，并依照有关法律规定给予处罚。

用人单位违反本法规定，以担保或者其他名义向劳动者收取财物的，由劳动行政部门责令限期退还劳动者本人，并以每人五百元以上二千元以下的标准处以罚款；给劳动者造成损害的，应当承担赔偿责任。

劳动者依法解除或者终止劳动合同，用人单位扣押劳动者档案或者其他物品的，依照前款规定处罚。

《劳动合同法》第八十五条规定，用人单位有下列情形之一的，由劳动行政部门责令限期支付劳动报酬、加班费或者经济补偿；劳动报酬低于当地最低工资标准的，应当支付其差额部分；逾期不支付的，责令用人单位按应付金额百分之五十以上百分之一百以下的标准向劳动者加付赔偿金：① 未按照劳动合同的约定或者国家规定及时足额支付劳动者劳动报酬的；② 低于当地最低工资标准支付劳动者工资的；③ 安排加班不支付加班费的；④ 解除或者终止劳动合同，未依照本法规定向劳动者支付经济补偿的。

《劳动合同法》第八十七条规定：用人单位违反本法规定解除或者终止劳动合同的，应当依照本法第四十七条规定的经济补偿标准的二倍向劳动者支付赔偿金。

《劳动合同法》第八十八条规定，用人单位有下列情形之一的，依法给予行政处罚；构成犯罪的，依法追究刑事责任；给劳动者造成损害的，应当承担赔偿责任：① 以暴力、威胁或者非法限制人身自由的手段强迫劳动的；② 违章指挥或者强令冒险作业危及劳动者人身安全的；③ 侮辱、体罚、殴打、非法搜查或者拘禁劳动者的；④ 劳动条件恶劣、环境污染严重，给劳动者身心健康造成严重损害的。

（八）关于劳务派遣的有关规定

2020 年 9 月发布的《关于进一步规范煤矿劳动用工促进煤矿安全生产的指导意见》要求，煤矿企业在 2021 年年底前取消井下劳动派遣用工。

《劳动合同法》第六十条规定：劳务派遣单位应当将劳务派遣协议的内容告知被派遣劳动者。

劳务派遣单位不得克扣用工单位按照劳务派遣协议支付给被派遣劳动者的劳动报酬。

劳务派遣单位和用工单位不得向被派遣劳动者收取费用。

《劳动合同法》第六十一条规定：劳务派遣单位跨地区派遣劳动者的，被派遣劳动者享有的劳动报酬和劳动条件，按照用工单位所在地的标准执行。

《劳动合同法》第六十二条规定，用工单位应当履行下列义务：① 执行国家劳动标准，提供相应的劳动条件和劳动保护；② 告知被派遣劳动者的工作要求和劳动报酬；③ 支付加班费、绩效奖金，提供与工作岗位相关的福利待遇；④ 对在岗被派遣劳动者进行工作岗位所必需的培训；⑤ 连续用工的，实行正常的工资调整机制。

用工单位不得将被派遣劳动者再派遣到其他用人单位。

《劳动合同法》第六十三条规定：被派遣劳动者享有与用工单位的劳动者同工同酬的权利。用工单位无同类岗位劳动者的，参照用工单位所在地相同或者相近岗位劳动者的劳动报酬确定。

《劳动合同法》第六十四条规定：被派遣劳动者有权在劳务派遣单位或者用工单位依法参加或者组织工会，维护自身的合法权益。

《劳动合同法》第六十六条规定：劳动合同用工是我国的企业基本用工形式。劳务派遣用工是补充形式，只能在临时性、辅助性或者替代性的工作岗位上实施。

第六节　煤矿从业人员的权利和义务

《安全生产法》《矿山安全法》《劳动法》《煤炭法》等法律规定了从业人员在安全生产方面的权利和义务。关心、维护和保障从业人员在安全生产方面的权利，是实现安全生产的重要条件。

一、煤矿从业人员在安全生产中的权利

（一）劳动合同保障权

生产经营单位不得以任何形式与从业人员订立协议，免除或者减轻其对从业人员因生产安全事故伤亡依法应承担的责任。

《劳动合同法》第四条规定：用人单位应当依法建立和完善劳动规章制度，保障劳动者享有劳动权利、履行劳动义务。

用人单位在制定、修改或者决定有关劳动报酬、工作时间、休息休假、劳动安全卫生、保险福利、职工培训、劳动纪律以及劳动定额管理等直接涉及劳动者切身利益的规章制度或者重大事项时应当经职工代表大会或者全体职工讨论，提出方案和意见，与工会或者职工代表平等协商确定。

在规章制度和重大事项决定实施过程中，工会或者职工认为不适当的，有权向用人单位提出，通过协商予以修改完善。

用人单位应当将直接涉及劳动者切身利益的规章制度和重大事项决定公示，或者告知劳动者。

（二）安全生产危险因素知情权和建议权

煤矿井下生产是很危险的工作，瓦斯、煤尘爆炸，火灾，水灾，顶板灾害等危险因素很多，从业人员有权知道作业场所和工作岗位存在的危险因素、发生规律和防范措施。

（三）批评、检举、控告权

《安全生产法》第五十四条规定：从业人员有权对本单位安全生产工作中存在的问题提出批评、检举、控告。生产经营单位不得因从业人员对本单位安全生产工作提出批评、检举、控告或者拒绝违章指挥、强令冒险作业而降低其工资、福利等待遇或者解除与其订立的劳动合同。

（四）拒绝违章指挥权

《煤矿安全规程》第八条规定：从业人员有权制止违章作业，拒绝违章指挥。

（五）不安全状况停止作业权

《安全生产法》第五十五条规定：从业人员发现直接危及人身安全的紧急情况时，有权停止作业或者在采取可能的应急措施后撤离作业场所。

（六）享受工伤保险权

《安全生产法》第五十六条规定：因生产安全事故受到损害的从业人员，除依法享有工伤保险外，依照有关民事法律尚有获得赔偿的权利的，有权向本单位提出赔偿要求。

《煤炭法》第三十七条规定：煤矿企业应当依法为职工参加工伤保险缴纳工伤保险费。鼓励企业为井下作业职工办理意外伤害保险，支付保险费。

（七）安全生产教育培训权

《矿山安全法》第二十六条规定：矿山企业必须对职工进行安全教育、培训；未经安全教育、培训的，不得上岗作业。

矿山企业安全生产的特种作业人员必须接受专门培训，经考核合格取得操作资格证书的，方可上岗作业。

《煤炭法》第三十三条规定：煤矿企业应当对职工进行安全生产教育、培训；未经安全生产教育、培训的，不得上岗作业。

《煤矿安全规程》第九条规定：煤矿企业必须对从业人员进行安全教育和培训。培训不合格的，不得上岗作业。

特种作业人员必须按国家有关规定培训合格，取得资格证书，方可上岗作业。

煤矿从业人员是安全生产事故的受害者，又是安全生产的实施者，对安全生产中的问题和隐患最清楚，有权参与安全管理。通过职工大会、职工代表大会，参与企业有关安全生产规划、管理制度、管理办法、安全技术措施和规章的制定，对不符合党和国家方针政策与法律、法规的规章、制度有权提出修改意见。

此外，2006 年 6 月 7 日，国家安全生产监督管理总局、国家煤矿安全监察局、国家发展和改革委员会、监察部、劳动和社会保障部、国务院国有资产监督管理委员会、中华全国总工会联合发出的《关于加强国有重点煤矿安全基础管理的指导意见》中，赋予井下职工以下十项权利：① 带班人员不下井，工人有权不下井；② 带班人员早出井，工人有权早出井；③ 安全隐患不排查，工人有权不作业；④ 管理人员违章指挥，工人有权不执行；⑤ 没有安全措施，工人有权不开工；⑥ 不组织班前安全学习，工人有权不下井；⑦ 未进行“三位一体”（班长、安全检查员、瓦斯检查员）安全检查，工人有权不开工；⑧ 监测监控系统安装不到位、运行不正常，工人有权不开工；⑨ 不配全合格的劳动保护、防护用品，工人有权不下井；⑩ 避灾路线不标识，工人有权不下井。煤矿不得因上述原因扣发职工工资、辞退职工。

二、煤矿从业人员在安全生产中的义务

（1）遵法守纪、服从管理的义务。

《安全生产法》第五十七条规定：从业人员在作业过程中，应当严格遵守本单位的安全生产规章制度和操作规程，服从管理，正确佩戴和使用劳动防护用品。

《煤炭法》第三十三条规定：煤矿企业职工必须遵守有关安全生产的法律、法规、煤炭行业规章、规程和企业规章制度。

（2）接受教育培训、学习安全生产技能的义务。

《安全生产法》第五十八条规定：从业人员应当接受安全生产教育和培训，掌握本职工作所需的安全生产知识，提高安全生产技能，增强事故预防和应急处理能力。

（3）及时报告危险情况，参加抢险救灾的义务。

《安全生产法》第五十九条规定：从业人员发现事故隐患或者其他不安全因素，应当立即向现场安全生产管理人员或者本单位负责人报告；接到报告的人员应当及时予以处理。

（4）正确佩戴、使用劳动保护用品的义务。

第二章　煤矿安全生产管理

安全生产管理是企业管理的重要组成部分，它不仅具有生产管理的一般原则和特点，还有特殊的规律和范畴。本章将简要介绍安全生产管理的基本概念、理论和一般方法。

第一节　安全生产基本理论

一、安全生产管理概述

安全管理是企业管理的重要组成部分。安全管理原理是从管理的共性出发，对安全管理工作的实质内容进行科学的分析、综合、抽象与概括所得出的安全管理规律。

安全管理的主要内容是为贯彻执行国家安全生产的方针、政策、法律和法规，确保生产过程中的安全而采取的一系列组织措施。

安全管理的任务是发现、分析和消除生产过程中的各种危险，防止发生事故和职业病，避免各种损失，保障员工的安全健康，从而推动企业生产的顺利发展。

安全管理的目的是提高各种灾害预防水平，预先发现、消除或控制生产过程中的隐患和危险，防止事故发生、职业病和环境灾害，避免各种损失，最大限度地发挥安全措施的作用，提高安全投入效益，推动企业生产活动的正常进行。

安全管理具体包括以下几个方面的内容。

(1) 贯彻执行党和国家安全生产的方针和安全生产法律法规。

(2) 制定并实施煤矿安全生产的各种规程、规定和规章制度。

(3) 采取各种安全工程技术措施，推广使用新装备、新技术、新工艺、新材料，努力减少和杜绝各类灾害事故以免造成人员伤亡和财产损失。

(4) 采用各种劳动卫生措施，不断改善作业环境和工作条件，防止和消除职业危害，保障从业人员身体健康。

(5) 加强对煤矿从业人员的安全生产教育培训，提高员工的安全素质。

(6) 对职工伤亡及生产过程中的各类事故进行调查、分析和处理。

(7) 推广和应用现代化安全管理技术和方法，不断深化企业安全管理。

二、安全管理基础理论

(一) 安全与事故相关概念

1. 安全相关概念

(1) 安全、安全条件与安全状态。

安全是指客观事物的危险程度能够被人们普遍接受的状态，即生产系统中人员免遭不可承受危险的伤害。安全条件是指在生产过程中，不发生人员伤亡、职业病或设备、设施损害或环境危害的条件。安全状态是指不因人、机、环境的相互作用而导致系统失效、人员伤害或其他损失的状态。

(2) 本质安全。

本质安全是指设备、设施或技术工艺含有内在的能够从根本上防止发生事故的功能，具体包括两个方面的内容。

① 失误-安全功能。该功能是指操作者即使操作失误，也不会发生事故或伤害；或者说设备、设施和技术工艺本身具有自动防止人的不安全行为的功能。

② 故障-安全功能。该功能是指设备、设施或技术工艺发生故障或损坏时，还能暂时维持正常工作或自动转变为安全状态的

功能。

需要指出的是，系统的安全性是靠系统自身而不是附加的安全装置与措施来保证实现的，即该安全性是在系统的设计阶段就被纳入其中，而不是事后来补偿。

（3）煤矿安全质量标准化。

安全质量标准化是在煤炭行业多年质量标准化工作实践基础上不断创新、逐步发展完善而形成的一套行之有效的安全质量管理体系和方法。现行的煤矿安全质量标准化，其主要内容包括安全质量标准化煤矿等级划分和具体的安全质量要求标准。前者按照安全水平高低，依次将煤矿企业分为一、二、三级；后者主要包括概念目标和矿长安全承诺、组织机构、安全生产责任制及安全管理制度、从业人员素质、安全风险分级管控、事故隐患排查治理、质量控制、持续改进等 8 个要素。

安全标准化工作必须符合法律、法规、规章、规程等规定，达到和保持一定的标准，使煤矿始终处于安全生产的良好状态，以适应保障矿工生命安全和煤炭工业现代化建设的需要。

（4）安全生产。

安全生产是指消除或控制危险、有害因素，保障人身安全与健康、设备和设施免遭破坏，以及生产顺利进行的总称。

（5）劳动保护。

劳动保护是依靠科学技术和管理，采取技术措施和管理措施，消除生产过程中危及人身安全和健康的不良环境、不安全设备和设施、不安全场所和不安全行为，防止伤亡事故和职业危害，保障劳动者在生产过程中的安全与健康的总称。

（6）职业安全卫生。

职业安全卫生是安全生产、劳动保护和职业卫生的统称。它是以保障劳动者在劳动过程中的安全和健康为目的的工作领域，以及在法律法规、技术、设备与设施、组织制度、管理机制、宣传教育等方面的所有措施、活动和事物。

(7) 安全管理。

安全管理是指针对人们在生产过程中的安全问题,运用有效的资源,发挥人们的智慧,通过人们的努力,进行有关决策、计划、组织和控制等活动,实现生产过程中人与机器设备、物料、环境的和谐,达到安全生产的目标。

2. 事故相关概念

(1) 事故。

事故是指以人为主体的系统,在为实现某一意图而采取行动的过程中、在与能量有关的时空系列上,突然发生与人的意志和希望相反的事件。

(2) 事故隐患。

事故隐患是指可能导致事故发生的危险状态、人的不安全行为、管理上的缺陷以及环境的不安全条件。

(3) 危险。

危险是指系统中存在导致发生不期望后果的可能性超过了人们的承受程度。它包括发生的可能性与严重程度两个方面。

(4) 危险源。

危险源是指可能造成人员伤害、疾病、财产损失、作业环境破坏或其他损失的根源和状态。

(5) 重大危险源。

重大危险源是指长期地或者临时地生产、搬运、使用或者储存危险物品,且危险物品的数量等于或超过临界量的单元(包括场所和设施)。就井工开采煤矿来讲,其行为本身即为重大危险源。重大危险源辨识以国家标准作为借鉴。

(二) 事故致因理论

1. 事故频发倾向理论

事故频发倾向是指个别容易发生事故的、稳定的个人内在倾向。事故频发倾向者的存在是工业事故发生的主要原因，即少数具有事故频发倾向的工人是事故频发倾向者，他们的存在是工业事故发生的原因。如果企业中减少了事故频发倾向者，就可以减少事故的发生。

需要指出的是，个人差异客观存在，但它只是事故发生的可能诱因之一，在实际安全管理中存在将个人因素在事故中的作用绝对化的现象。实际上，从事故频发倾向理论提出起就存在很大的争议，目前只是在一些特殊岗位作为评价的参考。

2. 海因里希因果连锁论

海因里希因果连锁论认为，工业伤害事故的发生发展过程是具有一定因果关系的事件的连锁发生过程，即：人员伤亡的发生是事故的结果；事故的发生原因是人的不安全行为或物的不安全状态；人的不安全行为或物的不安全状态是由于人的缺点造成的；人的缺点是由于不良环境诱发或者是由先天的遗传因素造成的。

海因里希因果连锁论将事故因果连锁过程概括为以下五个因素：遗传及社会环境，人的缺点，人的不安全行为或物的不安全状态，事故，伤亡。用多米诺骨牌来形象地描述这种事故因果连锁关系就是在多米诺骨牌系列中，一块骨牌被碰倒了，则将发生连锁反应，其余的几块骨牌相继被碰倒。如果移去中间的一块骨牌，则连锁被破坏，事故过程被中止（图 2-1）。企业安全工作的中心就是防止人的不安全行为，消除机械的或物质的不安全状态，及时中断事故连锁的进程，从而避免事故的发生。

3. 轨迹交叉理论

轨迹交叉理论是指人的不安全行为和物的不安全状态发生交叉，即二者发生在同一时间、同一空间，或者说相遇时，则发生事故。

4. 系统安全理论

系统安全是指在系统寿命周期内，应用系统安全管理原理及

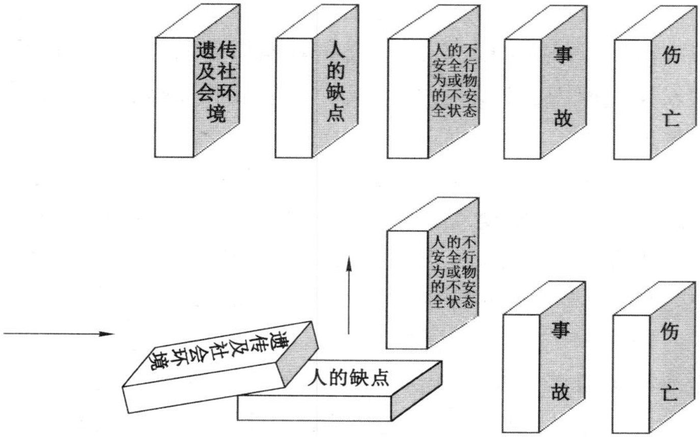

图 2-1　因果链锁理论

系统安全工程原理，识别危险源，并使其危险性减至最小，从而使系统在规定的性能、时间和成本范围内达到最佳的安全程度。系统安全理论认为，不可能根除一切危险源和危险；可以减少来自现有危险源的危险性；宁可减少总的危险性，也不能只彻底去除几种选定的危险。

系统安全理论改变了人们只注重操作人员的不安全行为而忽视硬件的故障在事故致因中的作用的传统观念，研究人员开始考虑如何通过改善物的系统的可靠性来提高复杂系统的安全性，从而避免事故的发生。同时，系统安全理论强调没有一种事物是绝对安全的。

（三）事故预防与事故控制的基本原则

事故预防是指通过技术和管理手段使事故不发生。事故控制是指通过技术和管理手段，使事故发生后不造成严重的后果或者使后果尽可能减轻。对于事故预防和控制，应主要从安全技术、安全教育培训和安全管理等方面入手，采取相应的对策。一般来说，安全技术对策着重消除物的不安全状态。安全教育培训和安全管理对策着重消除人的不安全行为。安全教育培训的作用是使从业人员认识危险源、了解事故发生的可能性和过程,以及事故后果的严重程度,掌握可能避免事故发生的办法和措施;安全管理则是落实这些办法和措施的保证。

第二节　煤矿安全管理

一、煤矿安全管理制度

《煤矿安全规程》第四条规定:从事煤炭生产与煤矿建设的企业必须遵守国家有关安全生产的法律、法规、规章、规程、标准和技术规范。

煤矿企业必须加强安全生产管理,建立健全各级负责人、各部门、各岗位安全生产与职业病危害防治责任制。

煤矿企业必须建立健全安全生产与职业病危害防治目标管理、投入、奖惩、技术措施审批、培训、办公会议制度,安全检查制度,安全风险分级管控工作制度,事故隐患排查、治理、报告制度,事故报告与责任追究制度等。

煤矿企业必须制定重要设备材料的查验制度,做好检查验收和记录,防爆、阻燃抗静电、保护等安全性能不合格的不得入井使用。

煤矿企业必须建立各种设备、设施检查维修制度,定期进行检查维修,并做好记录。

煤矿必须制定本单位的作业规程和操作规程。

为了贯彻国家关于煤矿安全管理的有关法律法规,《煤矿安全规程》第五条规定:煤矿企业必须设置专门机构负责煤矿安全生产与职业病危害防治管理工作,配备满足工作需要的人员及装备。

（一）安全生产责任制度

安全生产责任制度是最基本的安全管理制度，是依据岗位、职能、权利、责任相统一的原则，明确各级负责人、职能机构和岗位人员承担的安全生产责任和义务；要将企业、部门或单位的全部安全生产责任逐项分解，逐级落实到岗位和人员。

（二）安全目标管理制度

煤矿应根据上级下达的安全指标，结合本部门的实际制定出自己的安全指标，并将指标逐级分解，明确责任、保证措施、考核和奖惩办法。

（三）安全办公会议制度

安全办公会议制度是指以确保企业安全生产和员工安全为目的的固定会议制度。会议有完整的记录，记录应载明议定的事项、决议以及落实的人员、措施和期限。会议记录、纪要都要纳入档案管理。

（四）安全标准化管理制度

安全标准化管理制度是指对安全生产按标准化要求进行检查验收，有一定的周期、标准、考评办法，应组织有关部门和人员进行，并形成制度。

（五）安全投入保障制度

安全投入保障制度是指企业按国家有关规定建立稳定的安全投入资金渠道，以保证新增、改善和更新安全系统、设备、设施，消除事故隐患，改善安全生产条件，安全生产宣传、教育、培训，安全奖励，推广应用先进安全技术措施和管理方法，以及抢险救灾等均有可靠的资金来源。煤矿企业应能充分保证安全生产的需要，安全投入资金要专款专用；煤矿要编制年度安全技术措施计划，确定项目、落实资金、完成时间和责任人。

（六）安全教育培训制度

安全教育培训制度是保证煤矿企业职工掌握本职工作应具备

的法律法规知识、安全知识、专业技术知识和操作技能的重要手段。煤矿企业职工教育培训的周期、内容、方式、标准和考核办法以及相关部门安全教育培训的职责和考核办法，要符合上级有关规定，要有明确的年度教育培训计划，并保证充足的经费，能认真落实。

（七）事故隐患排查制度

事故隐患排查制度内容包括：保证及时发现和消除矿井在通风、瓦斯、煤尘、火灾、顶板、机电、运输、爆破、水害和其他方面存在的隐患；明确事故隐患的识别、登记评估、报告、监控和治理标准；按照分级管理的原则，明确隐患治理的责任和义务，保证隐患治理资金的投入。

（八）安全监督检查制度

安全监督检查制度内容包括：能有效地监督安全生产规章制度、规程、标准、规范等的执行情况；重点检查矿井“一通三防”的装备、管理情况；明确安全检查的周期、内容、检查标准、检查方式、负责检查的部门和人员、对检查的结果的处理办法等。对查出的问题和隐患要按“四定”（定项目、定人员、定措施、定时间）原则落实处理，并将结果进行通报、存档备案。

（九）安全技术审批制度

安全技术审批制度内容包括：确定各类工程设计、作业规程、安全措施和方案等安全技术审批的内容、程序、标准、时限、审批级别；审批人员的职别和资格，编制、审核、审批人员的职责、权限和义务。安全技术审批要保证依据充分、正确，内容全面、具体，安全措施可靠，能够有效指导施工、作业和操作。

（十）矿用设备、器材使用管理制度

矿用设备、器材使用管理制度的目标是：保证在用设备、器材符合相关标准，保持完好状态；明确矿用设备、器材使用前检测标准、程序、方法和校验单位、人员的资质；明确使用过程中检测标准、周期、方法和校验单位、人员的资质;明确维修、更新和报废的标准、程序和方法。

(十一)煤矿事故应急救援制度

煤矿事故应急救援制度包括:制定事故应急救援预案,明确发生事故后的上报时限、上报部门、上报内容、应采取的应急救援措施等。

(十二)安全奖罚制度

安全奖罚制度应兼顾责任、权利、义务,规定明确,奖罚分明,明确奖罚的项目、标准和考核办法。

(十三)入井检身与出入井人员清点制度

《煤矿安全规程》第十三条规定:入井(场)人员必须戴安全帽等个体防护用品,穿带有反光标识的工作服。入井(场)前严禁饮酒。煤矿必须建立入井检身制度和出入井人员清点制度;必须掌握井下人员数量、位置等实时信息。入井人员必须随身携带自救器、标识卡和矿灯,严禁携带烟草和点火物品,严禁穿化纤衣服。

(十四)安全操作规程的制定和管理制度

安全操作规程涵盖从进入操作现场、操作准备到操作结束和离开操作现场全过程的各个操作环节的内容。要分别制定各工种的岗位操作规程,明确各工种、各岗位对操作人员的基本要求、操作程序和标准,明确违反操作程序和标准可能导致的危险和危害。

(十五)领导和管理人员下井带班制度

领导和管理人员下井带班制度,应明确下井带班人员的职责,下井带班的次数、权限、工作内容以及下井带班的管理考核,建立下井带班的详细记录,以备检查。

二、劳动纪律

劳动纪律是关于劳动方面的规章制度,是人们从事社会劳动的必要条件,是在劳动过程中职工必须遵守的行为准则,是劳动者在集体劳动中必须共同遵守的规则和秩序。劳动纪律具有一定的强制性和约束力，这种强制性和约束力往往来自必须遵守的法律规定和自然规律。

劳动纪律的主要内容如下：① 遵守劳动时间和单位的作息制度，禁止旷工和无故迟到早退。② 坚守工作岗位，服从分配和管理，不得消极怠工和玩忽职守，不得擅自脱离工作岗位。③ 完成生产任务，保证工作质量。④ 在工作时间内，遵守生产和工作秩序，不做与生产和工作无关的事情，不走东串西，不嬉戏打闹，不吵架斗殴。⑤ 严格遵守《煤矿安全规程》和相关操作规程与作业规程，不违章指挥和违章作业，做到安全生产。⑥ 爱护国家财产和公共财物、工具。⑦ 遵守本单位其他有关劳动纪律规定。

遵守劳动纪律对于保证煤矿正常生产、预防事故发生都有重要意义。

三、煤矿从业人员的职业道德

党的十八大提出，倡导富强、民主、文明、和谐，倡导自由、平等、公正、法治，倡导爱国、敬业、诚信、友善，积极培育和践行社会主义核心价值观。这一论述明确了社会主义核心价值观的基本理念和具体内容，指出了社会主义核心价值体系建设的现实着力点，是对社会主义核心价值体系建设的新部署和新要求。正确理解社会主义核心价值观的内涵，深刻把握积极培育和践行社会主义核心价值观，对于推进社会主义核心价值体系建设，用社会主义核心价值体系引领社会思潮、凝聚社会共识，建设正确的职业道德具有重要的意义。

职业道德是从业人员在职业活动中应该遵循的行为准则，涵盖了从业人员与服务对象、职业与职工、职业与职业之间的关系。随着现代社会分工的发展和专业化程度的增强，市场竞争日趋激烈，整个社会对从业人员职业观念、职业态度、职业技能、职业纪律和职业作风的要求越来越高。职业道德既是对从业人员职业活动的行为要求，又是本行业对社会所承担的道德责任和义务。

（一）职业道德的基本要求

1. 爱岗敬业

爱岗敬业是指热爱工作岗位，恭敬、严肃、负责地工作，干一行、爱一行、专一行，一丝不苟，兢兢业业。

2. 诚实守信

诚实守信是人们在职业活动中处理人与人之间关系的道德准则，是市场经济体制下人们在人际交往和经济活动中必须遵守的一项最基本的道德规范。

3. 办事公道

办事公道的基本要求是客观、公正、照章办事。

4. 服务群众

服务群众是指全心全意为人民服务，一切以人民的利益为出发点和归宿。

5. 奉献社会

奉献社会是指把自己的知识、才能、智慧等，毫无保留地、不计报酬地贡献给人民、贡献给社会，为人民、为社会、为国家做出实实在在的贡献。奉献社会是一种忘我无私的精神，是职业道德的最高境界，是每个从业者的最终目标。

（二）煤矿从业人员应具备的职业道德

1. 热爱本职工作

煤矿职工应该爱祖国、爱矿山、爱岗位；干一行、爱一行、精一行，以主人翁的态度对待本职工作。

2. 钻研职业技能

煤矿从业人员应努力学习科学文化知识，刻苦钻研业务技术，提高职业技能，努力干好本职工作。

3. 遵守法律法规、规章制度

煤矿从业人员应按法律、法规和规章制度办事，不违章，服从分配，听从指挥，从严从细，一丝不苟。

4. 坚持安全生产

煤矿职工必须坚持以人为本，安全生产；坚持文明生产，禁止违章蛮干，杜绝“三违”现象。

5. 加强团结协作

煤矿从业人员应互相支持，互相帮助，尊师爱徒，识大体、顾大局，以国家、集体利益为重。

6. 善于抢险救灾

一旦发生灾害事故，煤矿从业人员应能自觉地积极地自救、互救，共同脱险。

（三）职业道德与安全的关系

职业道德与安全有着极为密切的关系。只要煤矿从业人员职业道德高尚，就会自觉遵守、维护自己的安全职责，保证安全生产。相反，如果煤矿从业人员职业道德低下，素质不高，就会无视法规、违章作业，必然导致事故的发生。一个安全文明的矿井必然有一支严格遵循安全职责的煤矿从业人员队伍，这是对煤矿从业人员职业道德的最基本要求，也是职业道德的具体表现。

（四）提高职业道德修养的途径和方法

一个人道德品质的形成，既受到外界客观条件的影响，更取决于自身的主观努力。作为一名煤矿从业人员，应该与时俱进，不断努力。

(1) 学习党的方针政策和国家的法律法规及职业道德基本知识。

(2) 坚持知行合一。

(3) 开展职业道德评价，严于剖析自己。

(4) 学习先进人物事迹，不断激励自己。

(5) 提高精神境界，努力做到慎独。

总之，在职业道德修养中，要充分认识到根在实践、贵在自觉、重在坚持、难在慎独。

四、煤矿从业人员的安全职责

(1) 应认真学习煤矿安全生产基本知识及各项规章制度,实现安全生产。

(2) 应正确佩戴使用劳动保护用品,认真检查工具、设备、设施,保证安全可靠。

(3) 应严格遵守劳动纪律和各项规章制度,不违章冒险作业,坚决拒绝任何人违章指挥。

(4) 应自觉维护保养好设备,按标准生产,保持作业环境整洁,实现文明生产。

(5) 应积极参加各种安全生产竞赛活动,主动提出合理化建议。

(6) 应经常分析判断各种事故隐患,把事故隐患消灭在萌芽状态。发生事故时,应积极参与抢救、互救,保护好事故现场。

第三节 入井须知

一、入井安全知识

(一) 入井前的规定

(1) 新进煤矿的井下作业职工,接受安全教育、培训时间不得少于 72 h。考试合格后,必须在有安全工作经验的职工的带领下工作满 4 个月,经考核合格后,方可独立工作。

(2) 新进露天煤矿的职工,接受安全教育、培训的时间不得少于 40 h,经考核合格后,方可上岗作业。

(3) 对调换工种和采用新工艺作业的人员,必须重新培训,经考核合格后,方可上岗作业。

(4) 所有从业人员,每年接受安全教育、培训的时间不得少于 20 h。职工接受安全教育和培训期间,煤矿企业应当支付其工资。

职工安全教育、培训情况和考核结果，应当记录存档。

（5）入井人员必须佩戴安全帽，随身携带自救器和矿灯，严禁携带烟草和点火物品，严禁穿化纤衣服，入井前严禁喝酒。

（6）煤矿企业必须建立入井检身制度和出入井人员清点制度。

（二）入井前的准备

（1）参加班前会，明确当班的工作任务及工作质量要求。

（2）与老工人（中级工以上）签订好师徒合同，虚心向老工人学习，掌握生产技能和防灾避灾经验。

（3）入井前吃饱、休息好，保持强健体能和充沛精力。

（4）穿好工作服、胶靴。脖子上围一条毛巾，毛巾的作用是擦汗、包扎伤口、防止粉尘进入领口中。工作服要穿着整齐利索、扎紧袖口。

（5）有淋水的工作面要穿好雨衣。

（6）扎好腰带。腰带上可以携带矿灯、自救器以及随身小件物品。腰带要系在工作服最外面。

（三）上下井乘罐笼安全事项

（1）上下井时要遵守井口、井底的制度，在指定地点等候。等罐笼停稳后，排队按次序进出罐笼，不得私自撩开罐帘、罐门，不得争抢拥挤。

（2）乘罐时要服从井口把钩人员指挥，自觉接受井口人员的检查和劝告。

（3）人员进入罐笼后，不准打闹，握紧扶手，手、脚、头和衣服、随身携带的工具、物品都不得露出罐笼外，不得往罐外井筒里扔东西。

（4）任何人不得与携带炸药、雷管的爆破工同罐上下井。

（5）不准乘坐提升煤炭的箕斗、无安全盖的罐笼和装有设备材料的罐笼。

（6）上下井乘坐吊桶时，必须系牢安全带。脸要向外，人身上的任何部位都不能突出于桶外缘，同时吊桶的安全装置应齐全、良好。

二、矿灯

按使用电池不同，矿灯可分为酸性电源矿灯、碱性电源矿灯、镍氢电源矿灯、锂电源矿灯等。其中，锂电源矿灯体积小、质量轻、亮度高、使用时间长，被广泛采用。

（一）矿灯检查

《煤矿安全规程》第四百七十一条规定：发出的矿灯，最低应当能连续正常使用 11 h。

入井人员领到矿灯后应仔细检查，检查内容主要为以下几个方面。

（1）检查电池盒体上是否有煤矿矿用产品安全标志“MA”字样和统一编号。

（2）检查电池盒体上有无破裂或透气盖处有无漏液现象。

（3）检查灯线有无破损，灯线与电池和灯头连接是否牢固，灯线两端出、入口处密封是否良好；保证灯线长应在 1 m 以上。

（4）检查灯头圈是否松动，灯头壳体有无破损，灯面玻璃是否完好。

（5）检查灯头上的开关是否灵活可靠。

（6）检查灯锁是否锁好，有无松动。

（7）检查灯光是否明亮。

若检查发现上述方面存在问题，应立即要求灯房人员维修或更换。

（二）矿灯使用的安全事项

入井人员必须携带矿灯，否则禁止入井。矿灯应集中统一管理，实行“账、人、灯”三对照管理模式。矿灯要统一编号，“专人专灯”。出井应及时交灯，禁止迟交、不交。在使用矿灯时，应注意以下安全事项。

（1）入井人员应按规定时间凭灯牌到固定窗口领灯和交灯。

（2）入井前应把矿灯用胶带穿好扎在腰间，灯头帽钩插在安全帽上，不许提在手里。

（3）要爱护矿灯，严禁在井下随便拆卸、敲打、撞击矿灯，以免产生电火花。

（4）不得手提灯线甩动灯头，以免损坏灯线。

（5）矿灯必须装有可靠的短路保护装置。高瓦斯矿井必须装有短路保护器。

（6）禁止用矿灯的电源爆破。

（7）出井后必须立即将矿灯交回灯房，以便及时充电。如因工作需要上连班时，必须换灯。

（8）使用中若发现故障，交灯时应主动向灯房人员说明。

（9）使用固定矿灯人员，不得和他人互换矿灯。

（10）交回的矿灯应保证完好无损。

三、井下行走及乘车安全

（一）井下信号

煤矿生产中的各个环节，都设有用声、光表示的工作信号或危险警告信号。信号是保证工作联系和安全生产所必需的手段。

一般地，红光表示危险信号，红灯亮时行人止步，车辆停止开动。绿灯表示安全，车辆可以通过，人员可以在人行道上行走。电铃的不同声音或次数表示不同的指令信号。井口、井底电铃，工作面甲烷报警仪，爆破前的口哨等信号都有不同的含义。特别是报警信号代表危险，听到后应立即撤出灾区。要熟悉井下各种信号的意义，平时注意信号动态。

（二）井下行走

井下环境条件特殊，空间小、光线暗、噪声大、粉尘多、运输频繁，在井下行走时一定要注意安全。

(1) 在井底，行人若要到井筒对面去，必须经人行道绕道过去，禁止行人穿过井筒直接走到对面去。

(2) 在井下运输巷道行走时，一定要走人行道。严禁在轨道当中行走，不能随意横越轨道。当巷道没有人行道又必须行走通过时，必须预先和信号把钩工取得联系，经其同意后，方可通行。

(3) 在人行道不够宽的运输巷道行走时，要时刻注意过往车辆，若有车辆接近时，应立即就近进入躲避硐室，等车辆通过后再行走。

(4) 行走到拐弯处和岔道口时，要停步瞭望，或细听有无车辆行进的信息，确认没有时，方可继续前进。过风门时，要严防对面有人开门撞伤自己，也应注意防止因自己关风门而撞伤别人。

(5) 在回风巷道行走时，要走在巷道中间。同时，注意底板煤(矸)堆或石块、顶板、底鼓、管线、缆线等，防止摔倒或被砸伤。

(6) 井下行走时，一定要戴好安全帽和矿灯，注意前方各种信号、路标、车辆。不要大声说笑、打闹，要集中精力，脚踏实处。

(7) 随身携带物品要拿平稳，不可撞到架空线，更不能撞人。

(8) 路过上方有人作业地点时，应与上方作业人员联系，待其暂停作业后再通过。溜煤眼和下料眼内不许行人。不许在溜煤眼处停留。

(9) 挂有"禁止通行"或危险警告标志牌的地方，无论有无栏杆挡住，均不得进入。

(10) 在井下最好两人以上同行，遇事可互相关照。

(11) 不是自己责任范围的设备、设施不要乱摸、乱开、乱关，更不能向电气设备浇水或小便。

(12) 跨过牵引钢丝绳时，要小心谨慎，不许骑在钢丝绳上行走，通过弯道时要走在钢丝绳弯弧外侧。

(13) 在井下休息时，应选择顶板完整、支架完好、不影响行车和通风良好的地点。不要在密闭墙附近休息，更不能钻进栅栏内休息。禁止任何人在井下睡觉。

（三）乘坐人车安全事项

（1）在平巷或斜巷中，必须乘坐专门运送人员的人车或由矿车组成的单独乘人列车，其他车辆一律不准乘人。

（2）要服从管理人员指挥，按规定人数乘坐，不得超员。电机车驾驶室和列车的第一个乘人矿车的距离要按矿上规定执行，在规定距离内必须留出空车，不得乘坐，以防电机车导电弓掉下砸伤人员。

（3）车未停稳或未摘电时不准上下人员。严禁在列车行进途中扒车尾、蹬车钩、跳下车和翻越车厢，以防触及架线和摔伤。

（4）乘坐专用人车时，要及时挂好车门防护链（杆）。乘坐矿车时，不准坐在车沿上，也不许在车内站立。乘坐车时，身体各部位均不要露出车外。不要在车内嬉戏打闹或打盹睡觉。坐车时不许取下安全帽，也不要坐在矿灯电池盒上和自救器上，更不许关灭矿灯。

（5）携带的较长金属物件要严防触及架线，且不许伸出车外。

（6）爆破工乘坐的装有炸药、雷管的人车必须按有关规定执行。

（7）当人车行驶途中发生异常情况时，如掉道、脱轨等，乘车人员应向司机晃灯和呼叫，发出停车信号。

（8）乘坐猴车（无极绳绞车）时，不要用手触摸绳轮，双手应紧扶立杆，稳上稳下。下车时动作要轻，不要使猴车过大幅度前后左右摆动。

从业人员乘坐无轨胶轮车人车时，参照上述乘坐规定。

第四节　煤矿安全设施和安全标志

为保证煤矿安全生产，井下必须设置安全设施和安全标志，这是煤矿企业安全管理的传统做法，也是安全管理的重要手段，对煤矿安全生产具有重要且特别的作用。

一、煤矿井下安全设施

煤矿井下安全设施的作用是防止事故的发生或缩小事故的影响范围，降低事故的危害程度。煤矿从业人员要爱护和维护这些设施，一旦发现被损毁要立即向有关部门或领导汇报，以便及时处理。煤矿井下安全设施比较多，归纳起来主要有以下几类。

（一）通风安全设施

通风安全设施主要有通风机、风筒、风门、风桥、风窗、风墙等。这些设施的作用是调节、控制风流和风量，给井下各用风地点提供新鲜空气，稀释有害气体，调节湿度和温度。

（二）矿井安全监测监控设施

矿井安全监测监控系统的使用，实现了甲烷超限断电、停风断电、通风系统监控、煤与瓦斯突出监控、火灾监测与预报、水灾监测与预报、矿山压力监测与预报等，从而减少了瓦斯与煤尘爆炸、火灾、水灾、顶板冒落等灾害事故的发生，保障了煤矿安全生产和矿工生命安全。安全监测监控的作用主要是灾害预警和救援协调。

（三）防灭火安全设施

防灭火安全设施主要有火区巷道中的防火墙、密闭墙、消防水管、机电硐室出入口，矿井进风井下口的防火铁门，机电硐室的灭火器、灭火砂箱、铁锹、水桶，以及防止煤自燃的通往采空区的黄泥灌浆系统等。

（四）防尘安全设施

防尘安全设施主要有各降尘点喷雾洒水管路系统和装置，其作用是除尘、净化空气，防止煤尘爆炸和为从业人员创造良好的作业环境。

（五）防水安全设施

防水安全设施主要有水沟、排水管道、水仓、防水门、防水闸门和防水墙等。水沟和排水管道设置在巷道一侧，具有一定的坡度，水能自流到水仓,再由排水泵将水排到地面。防水门、防水闸门及防水墙的作用是当发生透水时,将透水危害控制在较小的范围和程度内。

(六) 提升运输安全设施

提升运输安全设施主要有竖井防罐笼坠落的罐卡,防止斜巷(井) 跑车的挡车器、防跑车伤人的躲避硐室,保护人员运输安全的罐门、罐帘,井上下联络的各种信号灯、电铃等。

(七) 电气安全设施

电气安全设施主要有井下供电系统安设的漏电保护、接地保护、过流保护等,其目的是预防人员触电或者电气设备损坏。

(八) 防爆隔爆设施

防爆隔爆设施主要有设在机电硐室出入口或设在爆破材料库出入口、能抗冲击波并能自动关闭的防爆密闭门,设在工作面出入口的隔爆水袋棚、岩粉棚等,其作用是当事故发生时能阻止爆炸冲击波和高温火焰的蔓延扩散,显著降低爆炸的危害程度。

(九) 避险硐室

避险硐室包括躲避硐室、避难硐室、移动救援方舱等。

二、井下安全标志

井下安全标志是在井下悬挂或张贴的图文标志。井下安全标志的作用是对危险有害因素进行警示,预防事故发生。煤矿从业人员必须认识、爱惜、维护井下的安全标志,发现有损坏、变形、不清楚的,要立即向有关部门和领导报告,以便及时处理。

2006 年 3 月 1 日起实施的《煤矿井下安全标志》规定,安全标志分为主标志和文字补充标志两类。

(一) 主标志

主标志分为禁止标志、警告标志、指令标志,以及路标、铭牌、提示标志四类。

1. 禁止标志

禁止标志是指禁止井下人员某种行为的标志，共 19 种，详见书后彩插。

2. 警告标志

警告标志是指警告井下人员注意可能发生危险的标志，共 19 种，详见书后彩插。

3. 指令标志

指令标志是指指示井下人员必须遵守某种规定的标志，共 11 种，详见书后彩插。

4. 路标、铭牌、提示标志

路标、铭牌、提示标志是指告诉井下人员目标、方向、地点的标志，共 20 种，详见书后彩插。

（二）文字补充标志

文字补充标志是指主标志的文字说明或方向表示，它与主标志同时使用。

第三章　煤矿生产技术

第一节　煤矿地质基础知识

一、煤的形成

煤的形成是一个极其复杂又漫长的历史过程，在成煤的古地质年代，大量的植物死亡后，堆积在停滞水体中的植物遗体经泥炭化作用，转变成泥炭或腐泥；泥炭或腐泥被埋藏后，由于地壳的升降运动而被沉埋在地下深部，经成岩作用形成褐煤；由于温度和压力逐渐增高，再经变质作用，褐煤转变成烟煤至无烟煤。

（一）煤形成的阶段

1. 泥炭化阶段

古地质年代，大量的植物死亡之后，其遗体被水淹没，在缺氧条件下，不断形成植物堆积层。这些堆积层在厌氧细菌作用下分解、化合，形成泥炭。植物遗体堆积层越厚，形成的泥炭层就越厚，后来形成的煤层也就越厚。

2. 煤化阶段

泥炭层形成之后，由于地壳的升降运动，泥炭层被泥沙等沉积物覆盖。在压力和地热作用下，泥炭层开始脱水、压紧，碳含量逐渐增加，氧含量逐渐减少，腐殖酸含量降低，泥炭变为褐煤。褐煤形成后，由于地质作用，在压力更大、温度更高的条件下，褐煤内的成分和结构进一步变化，形成各种不同类别的煤，包括褐煤、长焰煤、不黏煤、弱黏煤、气煤、肥煤、焦煤、瘦煤、贫煤、无烟煤等。

（二）成煤的必要条件

煤的形成是许多地质因素综合作用的结果，成煤条件主要包括以下几个方面。

（1）大量的植物繁殖。经研究，形成1 m厚的泥炭，约需要10 m厚的植物遗体堆积层；形成1 m厚的煤，则约需10 m厚的泥炭层。

（2）温暖湿润的气候条件。这是植物大量、长期生长、繁殖的必备条件。

（3）沼泽、湖泊水环境。这不但是植物大量生长的环境，也是植物遗体形成泥炭的环境。

（4）地壳运动条件。地壳的升降运动，使泥炭层被覆盖，从而形成高压、高温条件。

全球范围内有三个大的成煤期，分别为古生代的石炭-二叠纪、中生代的侏罗纪和白垩纪，以及新生代的第三纪。陕西榆林赋存的煤炭资源大部分为侏罗纪、白垩纪的长焰煤。

（三）陕西省煤田分布

1. 渭北石炭-二叠纪煤田

渭北石炭-二叠纪煤田自东向西分布于韩城、合阳、澄城、白水、蒲城、铜川等地，有“渭北黑腰带”之称，分布着铜川、蒲白、澄合、韩城四大矿务局，是陕西省主要的煤炭生产基地。

2. 黄陇侏罗纪煤田

黄陇侏罗纪煤田东起富县葫芦河，经黄陵、宜君、旬邑、淳化、彬县、凤翔、陇县、千阳等地，分布着黄陵、焦坪、旬耀、彬长四大矿区，是陕西省优质动力用煤的主要生产基地。

3. 陕北侏罗纪煤田

陕北侏罗纪煤田位于府谷、神木、榆林、横山、靖边、定边一带，分布着榆神、榆横、神府三大矿区，是世界八大煤田之一。

4. 陕北三叠纪煤田

陕北三叠纪煤田位于延安、子长、子洲、安塞、横山等地，煤种属气煤，是陕西省主要配焦煤分布区。

5. 陕北石炭-二叠纪煤田

陕北石炭-二叠纪煤田位于府谷、佳县、吴堡一带，是山西河东煤田西延的分布区，煤种有长焰煤、气煤、肥煤、焦煤、贫煤等。

6. 陕南煤田

陕南煤田位于秦岭以南，主要以地方国有和乡镇煤矿开采为主。镇巴煤矿为该区最大的地方国有煤矿。

二、煤层埋藏特征

（一）煤层的埋藏深度

煤层埋藏深浅不一，随着煤层埋藏深度的增加，矿山压力、井下温度、涌水量及瓦斯涌出量等都会增大，开采技术复杂性和开采成本也随之增加，甚至造成无法开采的局面。目前，榆林地区开采的多为浅埋煤层，多数煤矿煤层埋藏深度普遍小于 150 m，开采深度为几十米到一二百米不等，而我国有些煤矿井工开采深度已经达到千米以上。

（二）煤层形态与结构

1. 煤层形态

煤层形态是指煤层赋存的空间几何形态。根据煤层在一定范围内的连续成层的程度和可采情况，可将煤层分为层状、似层状、不规则状三种类型。榆林地区煤层形态绝大多数为层状、似层状。

2. 煤层结构

煤层中含岩石夹层的情况简称为煤层结构。根据煤层中有无矸石存在，可将煤层结构分为简单结构和复杂结构两种。简单结构是指煤层中不含矸石层或局部含不稳定的矸石。复杂结构是指煤层中含一层或多层矸石层。

（三）煤层厚度

煤层厚度是指煤层顶、底板间的垂直距离。不计矸石的煤层厚度叫有益厚度，也叫纯厚度；包括矸石在内的煤层厚度叫总厚度。煤层厚度差别很大，从几厘米到几十厘米不等，有的厚达十几米，甚至百余米。井工开采的矿井，根据煤层厚度对开采技术的影响，将煤层分为以下三类。

（1）薄煤层：厚度为 1.3 m 以下的煤层。

（2）中厚煤层：厚度为 1.3～3.5 m 的煤层。

（3）厚煤层：厚度大于 3.5 m 的煤层。

（四）煤（岩）层产状

煤（岩）层在空间的产出状态，称为煤（岩）层产状，如图 3-1 所示。倾斜煤（岩）层的产状，可以用煤（岩）层面的走向、倾向和倾角三个要素的数值表示，这三个要素称为煤（岩）层的产状三要素。

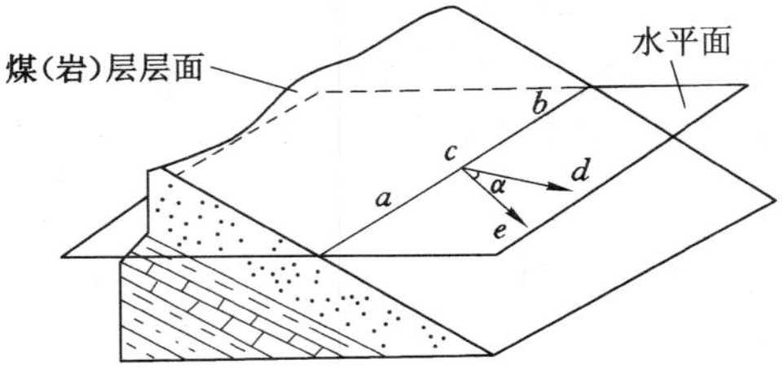

ab—走向线；*cd*—倾向线；*ce*—倾斜线；*α*——煤层倾角。

图 3-1　煤（岩）层产状示意图

1. 走向

倾斜煤（岩）层层面与水平面的交线称为走向线。走向线两端所指的方向称为走向，代表煤层在水平面中的延伸方面。

2. 倾向

在煤（岩）层层面上，与走向线垂直并沿层面倾斜向下引出的直线，称为倾斜线。倾斜线在水平面上的投影线，指向煤层倾斜一侧的方向称为倾向。

3. 倾角

倾角是指煤(岩)层层面与水平面之间的夹角。

井工开采的矿井，根据煤层倾角对开采技术的影响，将煤层分为以下四类。

(1) 近水平煤层：倾角在 8°以下的煤层。

(2) 缓倾斜煤层：倾角为 8°～25°的煤层。

(3) 倾斜煤层：倾角为 25°～45°的煤层。

(4) 急倾斜煤层：倾角在 45°以上的煤层。

榆林地区的煤层多为近水平煤层或缓倾斜煤层。

(四) 煤层的顶、底板

煤炭多以层状的形态赋存于地下，并与上、下岩层有明显的分界面。赋存在煤层之上的邻近岩层称为煤层的顶板，赋存在煤层之下的邻近岩层称为煤层的底板，如图 3-2 所示。

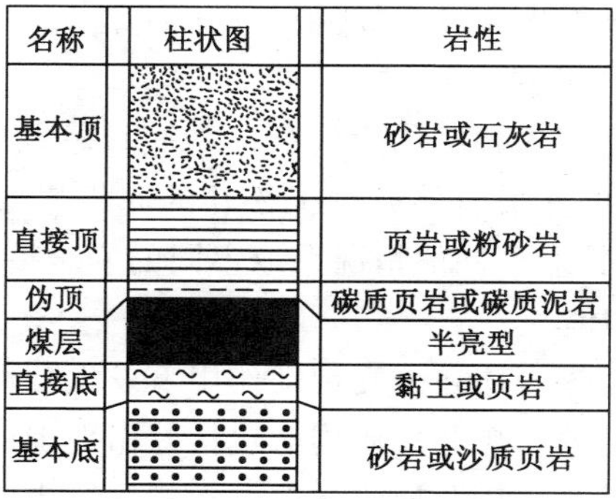

图 3-2　煤层顶、底板示意图

1. 煤层的顶板

(1) 伪顶。

伪顶位于煤层之上，一般厚度为 0.5 m 以下，多为碳质泥岩或碳质页岩，随采煤而落下。

(2) 直接顶。

直接顶位于伪顶或煤层之上，一般厚度为几十厘米到几米，多为页岩、粉砂岩等，随回柱放顶或移架而落下。

(3) 基本顶。

基本顶也叫老顶，位于直接顶、伪顶或煤层之上，一般为比较坚硬的砂岩、石灰岩等，厚度为几米到几十米，甚至上百米，呈周期性垮落。

煤层顶板岩性及赋存条件与安全生产的关系十分密切。当顶板破碎时，给支护造成很大困难；当顶板过于坚硬时，煤采完后大面积顶板不冒落，给工作面形成很大压力，常将工作面摧垮，使附近巷道冒顶，甚至造成伤亡事故。对这些特殊顶板必须采取有效的措施，确保安全生产。

2. 煤层的底板

根据煤层底板性质、煤层底板与煤层的位置关系，煤层底板分为直接底和基本底。

位于煤层之下的岩层称为底板。当底板较软时，将造成支柱钻底；遇水鼓胀的底板岩层或过于松软的底板岩层将造成底鼓等灾害。因此，应针对不同的情况采取不同的安全措施。

三、地质构造

地质构造是煤岩体在地壳运动作用下发生变形或位移而遗留下来的形态或迹象。矿井地质构造包括井田范围内的褶皱、断层、节理和层间滑动等。矿井地质构造是影响煤矿生产和安全的最重要的地质条件，也是岩体失稳的重要地质因素。

(一) 褶皱构造

褶皱构造是指地层受水平地质力的作用成弯曲的形态，但地层仍保持其连续性和完整性。在褶皱中的一个弯曲称为褶曲。岩层向上弯曲，且核部是老地层，称为背斜；岩层向下弯曲，且核部是新地层，称为向斜。如图 3-3 所示。

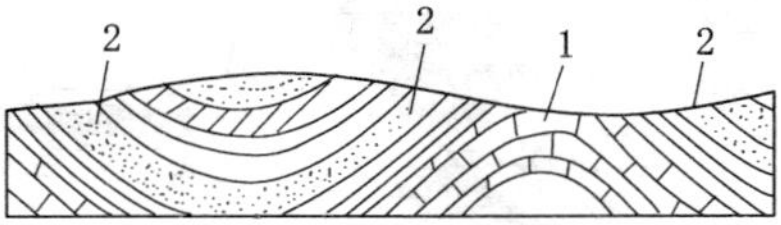

1—背斜；2—向斜。

图 3-3　褶皱构造

（二）断裂构造

煤岩层受力后发生断裂，出现断裂面，失去连续完整性的构造形态，称为断裂。断裂面两侧煤岩体没有发生明显位移，称为裂隙或节理；断裂面两侧产生明显位移的断裂构造，称为断层。断层带岩石破碎，裂隙发育，易冒落，顶板管理困难。

为了描述断层的性质及其空间的位置形态，可用断层要素来表示，包括断层面、断层线、上盘、下盘和断距等，如图 3-4 所示。

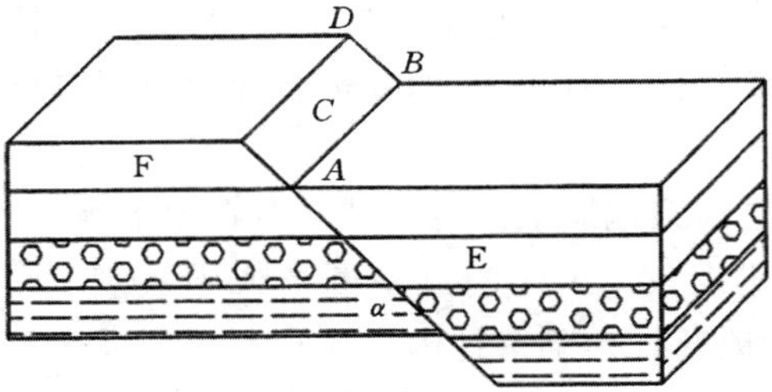

AB—断层线；*C*—断层面；α—断层倾角；E—上盘；F—下盘；*DB*—总断距。

图 3-4　断层要素

根据上、下两盘相对运动的方向，断层可分为正断层、逆断层和平移断层，如图 3-5 所示。

（1）正断层：上盘相对下降，下盘相对上升。

（2）逆断层：上盘相对上升，下盘相对下降。

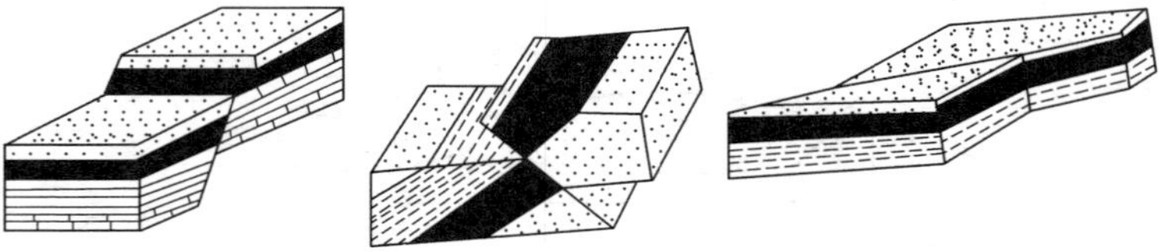

(a) 正断层　(b) 逆断层　(c) 平移断层

图 3-5　断层分类

(3) 平移断层:两盘发生水平方向的位移。

(三) 单斜构造

当一个向斜构造或背斜构造的范围较大时,它的一翼又称为单斜构造(因为岩层大致向一个方向倾斜)。

(四) 冲蚀、陷落柱和岩浆侵入体

1. 冲蚀

冲蚀是指成煤后水流侵蚀了煤层、顶板甚至底板,过后又被砂石充填的现象,又称冲刷。有的冲蚀会导致煤层内形成包裹体。

2. 陷落柱

陷落柱是煤系地层下部可溶性岩石在地下水溶蚀和重力作用下产生的坍塌现象。由于坍塌呈圆形或不甚规则的椭圆形柱状体,所以称为陷落柱。陷落柱内有大小不等的煤块、岩块和其他杂质胶结在一起,不坚硬,有的有积水、瓦斯等。在水文地质复杂的矿井中,陷落柱常是地下水的良好通道。

3. 岩浆侵入体

含煤区域内的岩浆活动,无论是侵入、穿插,还是接触煤层,均可导致对煤层的破坏和煤的变质。有的岩浆岩体还直接破坏煤层顶、底板,使顶、底板失去均一性。岩浆侵入体的存在,是影响煤矿正常生产和安全的地质因素之一。

（五）地质构造对安全生产的影响

1. 节理的影响

打钻时，若将炮眼打在节理裂缝上将出现卡钻现象，爆破时也将出现爆破漏气或喷火等现象，这是很危险的。应垂直或斜交节理裂隙布置炮眼。节理裂隙发育时，顶板易破碎，且很难控制，易发生冒顶事故，所以应加强支护，防止冒顶事故发生。

2. 其他构造的影响

（1）构造是瓦斯的通路和藏身之所。构造中往往有大量的空隙，能存储大量瓦斯气体，可将煤层瓦斯释放到采掘空间。

（2）构造是水的通路和藏身之所。构造裂隙能通过和贮藏气体，也能通过和贮藏水，所以构造也是水害隐患。

（3）易漏风，加快煤氧化自燃。

（4）构造可使煤岩失去连续性和完整性，影响均衡生产，也易造成冒顶事故，故应加强支护，防止冒顶事故发生。

第二节　矿井开拓

一、矿井巷道

为把煤从地下开采出来，需要开掘一系列的巷道。按井巷与水平面夹角的不同，矿井巷道可分为垂直巷道、水平巷道和倾斜巷道。按照作用和服务范围的不同，矿井巷道可分为开拓巷道、准备巷道和回采巷道，具体讲述如下。

（一）开拓巷道

为全矿或一个开采水平或两个以上采区服务的巷道叫开拓巷道，主要包括平硐、斜井、立井、井底车场、石门、运输大巷、回风大巷、风井、中央煤仓等。

由开拓巷道圈定的煤量，称为开拓煤量。

（二）准备巷道

为一个采区内一个或几个采煤工作面和掘进工作面服务的巷道和硐室称为准备巷道，主要包括采区上（下）山、采区车场、采区煤仓和区段石门等。

由准备巷道圈定的煤量，称为准备煤量。

（三）回采巷道

直接为一个回采工作面服务的巷道叫回采巷道，主要包括区段运输平巷、区段回风平巷和开切眼等。

由回采巷道圈定的煤量，称为回采煤量。

二、矿井开拓方式

矿井开拓巷道在井田内的总体布置方式，称为矿井开拓方式。由这些井巷构成的生产系统，称为矿井开拓系统。按照井筒形式不同，矿井开拓可分为平硐开拓、斜井开拓、立井开拓和综合开拓。

（一）平硐开拓

平硐开拓是指利用水平巷道由地面进入煤层，其特点是技术简单、成本低、投资小、见效快，但必须有便利条件。如图 3-6 所示。

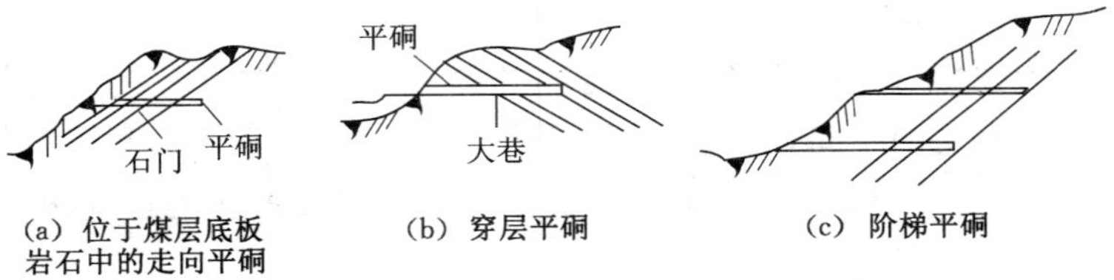

图 3-6　平硐开拓示意图

平硐开拓一般设置主、副平硐。当受地形限制时，也可只设一个平硐供运输煤炭及辅助运输，在浅部露头处另设通风平硐或通风井。

榆林地区部分矿井采用平硐开拓的方式，如大柳塔煤矿、张家峁煤矿、府谷县郭家湾煤矿等。图 3-7 为上湾煤矿辅助运输平硐。

图 3-7　上湾煤矿辅助运输平硐

（二）斜井开拓

斜井开拓是指利用倾斜巷道由地面进入煤层，其特点是施工比立井开拓简单，投资小、投产快，但比平硐施工要相对复杂一些。如图 3-8 所示。

当井田划分为阶段式或盘区式时，利用斜井来集中开拓，称为斜井分区式开拓。当井田划分为一个水平开采时，称为斜井单水平分区式开拓。当井田划分为多水平开采时，称为斜井多水平分区式开拓。

斜井开拓是最普遍的一种开拓方式，榆林地区大部分矿井使用的是斜井开拓的方式，如延长矿业可可盖煤矿、神木市惠宝煤矿、华电榆横小纪汗煤电公司等。图 3-9 为神木某煤矿副斜井井口。

（三）立井开拓

立井开拓是指利用垂直巷道进入煤层，是施工技术最复杂、施工难度最大的一种井硐形式，其特点是井筒比斜井短，各种管线也短，提升、排水、动力供应、通信费用较低，提升能力大，不受煤层倾

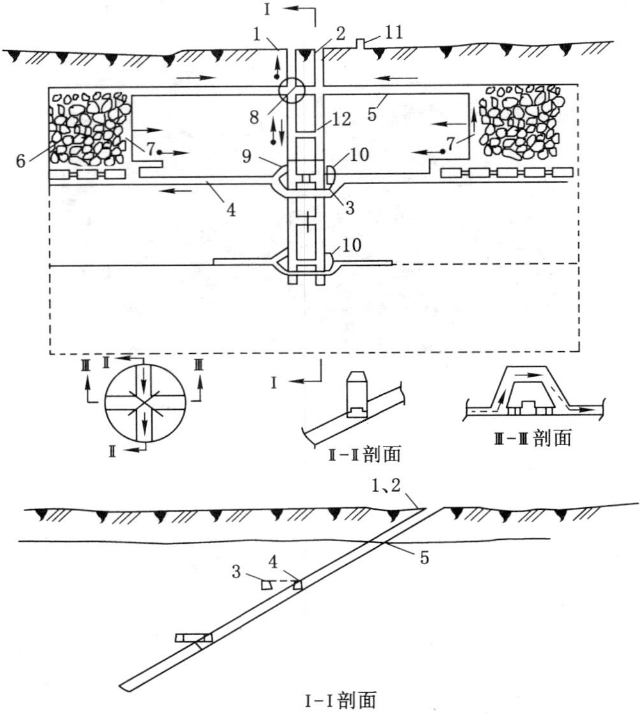

1—主井；2—副井；3—井底车场；4—运输平巷；5—回风巷；6—开切眼；
7—回采工作面；8—风桥；9—风墙；10—风门；11—通风机房；12—联络巷。

图 3-8 斜井开拓示意图

角和深度限制，适应性强。立井开拓的缺点是施工复杂、工期长、技术要求高。立井开拓多用于煤系地层上部的表土层厚度较大或煤层埋藏深度较大时。如图 3-10 所示。

因榆林地区煤层普遍埋藏较浅，仅有少部分煤矿采用立井开拓，如中煤陕西公司大海则煤矿、赵石畔煤电公司等。图 3-11 为赵石畔煤电公司立井井架。

图 3-9　神木某煤矿副斜井井口

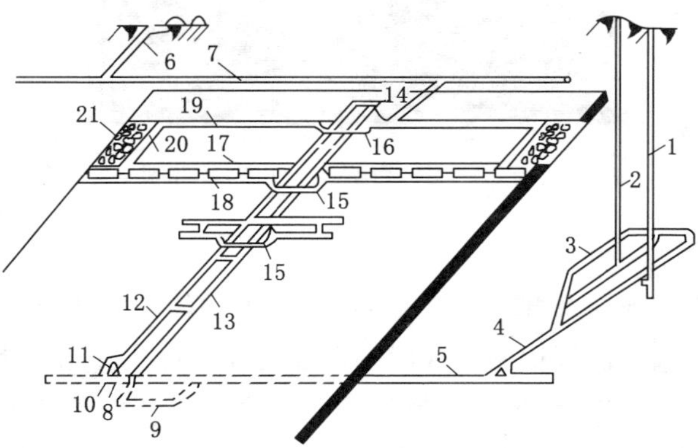

1—主井；2—副井；3—井底车场；4—运输石门；5—运输大巷；
6—回风井；7—总回风道；8—采区下部装车站；9—采区下部材料车场；
10—采区煤仓；11—人行进风斜巷；12—输送机上山；13—轨道上山；
14—上山绞车房；15—采区中部车场；16—采区上部车场；17—运输平巷；
18—联络巷；19—回风平巷；20—采煤工作面；21—采空区。

图 3-10　立井开拓示意图

图 3-11　赵石畔煤电公司立井井架

（四）综合开拓

由于受地面及井下条件限制，用一种井筒形式不能满足开采需要，因地制宜，采用两种或两种以上的井筒形式开拓称为综合开拓。根据不同的地质条件与生产技术条件，综合开拓可以有平硐-立井（图 3-12）、平硐-斜井（图 3-13）、立井-斜井和立井-斜井-平硐等形式。

《煤矿安全规程》第八十七条规定：每个生产矿井必须至少有2个能行人的通达地面的安全出口，各出口间距不得小于 30 m。采用中央式通风的新建和改扩建矿井，设计中应当规定井田边界的安全出口。新建、扩建矿井的回风井严禁兼作提升和行人通道，紧急情况下可作为安全出口。

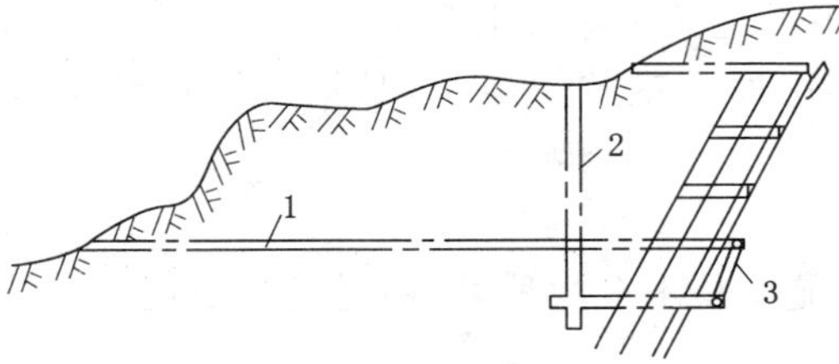

1—平硐；2—立井；3—回风斜井；4—回风井。

图 3-12　平硐-立井开拓示意图

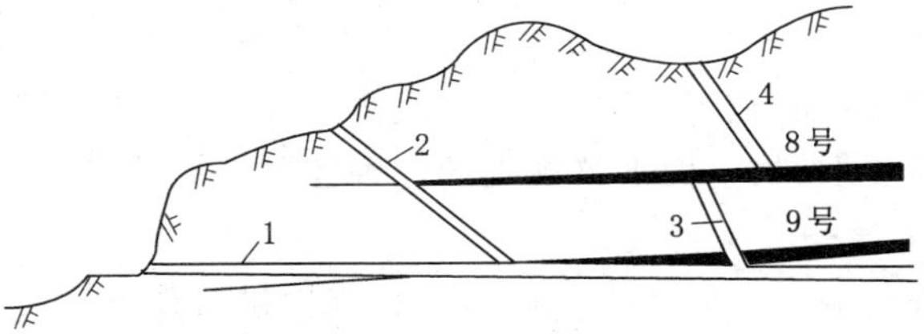

1—主平硐；2—副斜井；3—暗斜井；4—回风井。

图 3-13　平硐-斜井开拓示意图(单位：m)

近年来，榆林地区某些井田范围内的大型或特大型矿井，发展出一种多井筒分区域开拓方式，就是把井田划分为几个区域，每个区域包括若干个采区(盘区)或分带，每一个分区都有独立的进、回风井，以承担进、回风任务和辅助提升工作。

第三节　巷道掘进与支护

巷道掘进与支护是指按照设计要求，把岩石从岩体中破碎下来，并对所形成的空间进行支护，防止围岩变形和垮落。巷道掘进是贯穿煤矿生产始终的生命线。对于采用长壁采煤法工艺的煤矿来说，巷道掘进是工作面准备的基础；而对于采用硐室掘进采煤的煤矿来说，巷道掘进又是煤炭主要生产工序。煤矿巷道掘进作为煤炭产业生产中的关键技术类型，是提升煤矿经济效益的主要环节。

一、破岩技术

巷道掘进施工技术有两种，即钻爆破岩法掘进和综合机械化破岩法掘进。

（一）钻爆破岩法

钻爆破岩法是指利用电钻等工具进行打眼、装药爆破的方法。为了提高打眼的速度，可以使用专门的钻研机械打眼。钻爆破岩法中普通应用的是光面爆破技术。光面爆破是指通过正确选择爆破参数和合理的施工方法，分区分段微差爆破，达到爆破后轮廓线符合设计要求、临空面平整规则的一种控制爆破技术。

（二）综合机械化破岩法

综合机械化破岩法是指使用综合掘进机对煤岩体进行切割和破碎的方法。综合机械化掘进实现了破岩、装岩、转载和运输机械化，即在掘进巷道布置掘进机或者连续采煤机、可伸缩带式输送机，实现掘进巷道内的破岩、装岩、运输的连续作业，极大地加快了巷道掘进速度、减轻了工人的劳动强度。同时，由于综合机械化掘进对顶板的破坏性小、巷道成型好，也为采用锚杆支护提供了有利条件。目前，我国煤矿常用的掘进设备主要有以下三种。

1. 综合掘进机

悬臂式掘进机和单体锚杆钻机结合运用，能够较好地适应煤层的存在条件。我国大中型煤矿使用比较普遍的是 ELM 型煤巷掘进机。图 3-14 为 ELM 型液压传动截杆式煤巷掘进机。

2. 连续采煤机

连续采煤机是最早用于房柱式采煤法的采煤机，也可用于巷道掘进。它具有截割、装载、转载、调动行走和喷雾除尘等多种功能，配备梭车、带式输送机和锚杆支护。陕西省陕北地区地质条件

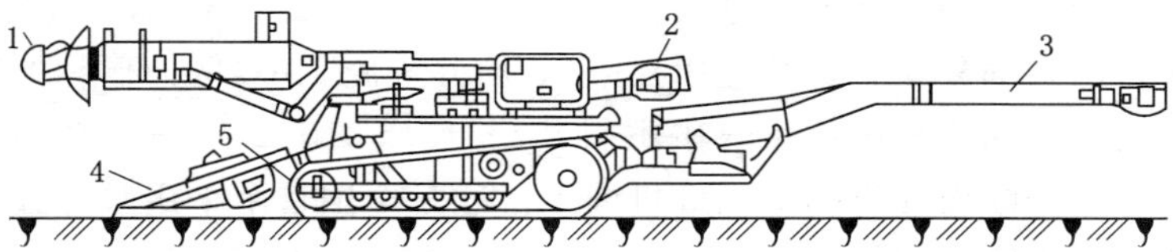

1—截割头；2—链板输送机；3—带式输送机；4—耙爪；5—履带。

图 3-14　ELM 型液压传动截杆式煤巷掘进机

好，使用连续采煤机代替综掘机，可以使掘进效率更高、巷道支护更方便，也可在房柱式采煤法中实现综合机械化采煤。如图 3-15 所示。

图 3-15　连续采煤机

3. 全断面硬岩隧道掘进机

全断面硬岩隧道掘进机分为敞开式隧道掘进机和护盾式隧道掘进机。全断面硬岩隧道掘进机的工作原理是，利用旋转刀盘上的滚刀挤压剪切破岩，通过旋转刀盘上的铲斗齿拾起石砟，落入主机带式输送机上向后输送，再通过牵引矿砟车或隧洞连续带式输送机运砟到洞外，实现掘进、支护、出砟等施工工序并行连续作业。全断面硬岩隧道掘进机具有掘进速度快、利于环保、综合效益高等优点，可实现传统钻爆法难以实现的复杂地理地貌深埋长隧洞的施工。

全断面硬岩隧道掘进机广泛应用在隧道、涵洞等工程施工中。现在已有部分煤矿将其应用在平硐、斜井等施工中，例如榆林地区的延长石油榆林可可盖煤矿主斜井、补连塔煤矿 2 号辅运平硐等均采用全断面硬岩隧道掘进机施工。这是全国首个采用敞开式全断面硬岩隧道掘进机施工完成的斜井，如图 3-16 所示。

图 3-16　可可盖煤矿使用的敞开式全断面硬岩隧道掘进机

二、装岩

在掘进作业中，装运岩石是繁重且耗费工时的工序。一般情况下，这项工序占掘进循环总时间的 35%～50%，因此，发展机械化装运岩石，提高装运效率，缩短装运时间，对减轻劳动强度和提高掘进速度有着重大的意义。

目前，人工装运的方式已基本淘汰，多使用机械式装运的方法。装岩机械主要有耙斗式装岩机、铲斗式装岩机和蟹爪式装岩机等。采用钻爆破岩法掘进的，通常使用耙斗式装岩机、铲斗式装岩机、蟹爪式装岩机，运输普遍采用矿车。榆林地区多采用防爆式矿用铲斗式装岩机，配合无轨胶轮车，进行装煤、运煤。掘进煤巷时，可以直接用刮板输送机或带式输送机运煤，综掘设备本身连接有装煤、运煤设施。

装岩机在装岩（煤）时，必须遵守下列规定：① 装岩（煤）时，必须在矸石或煤堆上洒水和冲洗巷道顶帮;② 装岩(煤)机上必须有照明装置。

三、巷道支护

维持巷道的有效断面、保持巷道安全使用空间的工作称为巷道支护,其目的是阻止围岩变形和垮落,防止顶板事故发生。支护的形式有砌碹支护、架棚支护(金属拱形支护、木支护)、锚杆支护和锚喷支护等。

(一) 砌碹支护

砌碹支护有料石支护、混凝土碹支护等。一般来说,围岩较破碎的开拓巷道和要求服务年限较长的永久巷道多采用砌碹支护。如图 3-17 所示。

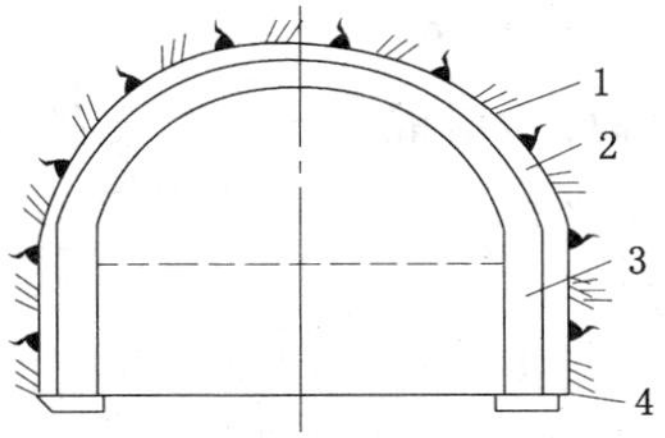

1—拱;2—充填带;3—墙;4—基础。

图 3-17　砌碹支护示意图

(二) 架棚支护

按材料构成不同,架棚支护可分为木支架支护、金属支架支护和钢筋混凝土支架支护;按巷道断面形状不同,架棚支护可分为梯形支架支护和拱形支架支护;按支架结构不同,架棚支护可分为刚性支架支护和可缩性支架支护。如图 3-18 所示。

(三) 锚杆支护、锚喷支护和锚喷网联合支护

锚杆支护是指将锚杆预设在围岩中,使岩体得以加固,形成一个完整的支护结构,是一种主动支护形式。锚杆的种类有管缝式

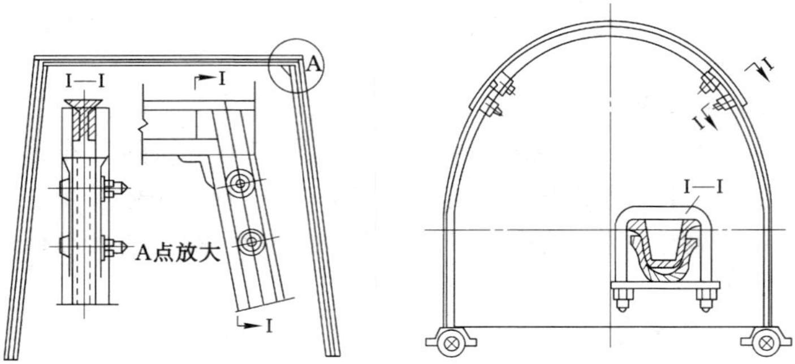

(a) 梯形金属支架支护　　(b) U型钢可缩性支架支护

图 3-18　架棚支护

锚杆、金属锚杆和树脂锚杆等。

锚喷支护是指锚杆喷射混凝土联合支护。目前，大多数煤矿采用锚杆喷射混凝土支护方式，它具有快捷、成本低、支护效果好、机械化程度高等优点。

锚喷网联合支护是指锚杆挂网喷射混凝土联合支护。

目前，榆林地区的煤矿煤层埋藏浅、地质条件相对简单，因此普遍采用锚杆支护、锚喷支护和锚喷网联合支护等方式。图 3-19 为锚喷支护、锚梁支护和锚喷网联合支护示意图。

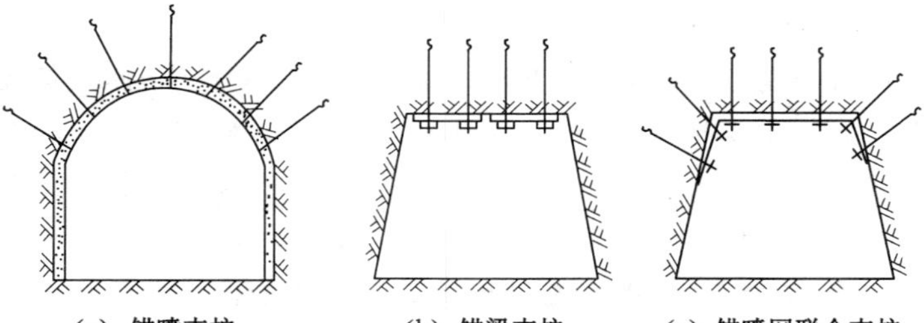

(a) 锚喷支护　　(b) 锚梁支护　　(c) 锚喷网联合支护

图 3-19　锚喷支护、锚梁支护和锚喷网联合支护

（四）液压支架支护

随着矿井机械化水平的提高，在遇到某些特殊条件时，可能会使用巷道液压支架配合锚杆支护等进行联合支护。例如神木某大型现代化矿井，使用沿空掘巷的生产工艺，在工作面平巷使用特制的门式液压支架。某些受冲击地压影响的矿井，在巷道中会使用吸能防冲巷道液压支架。

（五）支护作业安全要求

（1）支护工必须掌握作业规程中规定的巷道断面、支护形式、支护技术参数和质量标准等，熟练使用作业工具，并能进行检查和保养。

（2）在支护前及支护过程中要“敲帮问顶”，及时摘除危岩悬矸。

（3）严禁空顶作业，临时支护要紧跟工作面，支护形式、规格、数量、使用方法必须在作业规程中规定。

（4）严禁使用不符合规定的支护材料。

（5）当工作面遇断层、构造时，必须补充专门措施，加强支护。

（6）使用锚杆支护的，锚杆眼的直径、间距、排距、深度、方向（与岩面的交角）等，必须符合作业规程规定。安装锚杆时，必须将托盘、钢带紧贴岩面，未接触部分必须楔紧垫实，不得松动。锚杆支护巷道必须配备锚杆检测工具，锚杆安装后，必须对每根锚杆进行预紧力检测，不合格的锚杆要立即上紧；必须对锚杆锚固力进行抽查，不合格的锚杆必须重新补打。

（7）使用架棚支护的，施工时，必须按照作业规程规定，采用前探梁临时支护或其他临时支护形式，材料、结构形式、质量，最大、最小控顶距必须符合作业规程规定，严禁空顶作业。如遇顶板破碎易冒落时，要及时打好临时支柱或托板。临时支柱必须迎山有力，并打在实底上。在矸石堆上打支柱时，柱腿应穿木鞋。支护过程中，必须对工作地点的电缆、风筒、风管、水管及机电设备加以妥善保护，不得损坏。严禁将棚腿架设在浮煤、浮矸上；架棚巷道与支架之间必须安设牢固的拉杆或撑木，工作面 10 m 内应敷设防倒器，或采取其他防止爆破崩倒支架的措施。爆破前，应加固爆破地点 10 m 范围内的棚梁。底板是软岩（煤）的，要采取防止柱腿钻底的措施，在柱腿下加垫块时，规格、材质必须符合作业规程规定。

(8) 使用砌碹支护时，必须严格按设计断面尺寸进行施工。先砌巷道两帮直墙，直墙至起拱位置后先支好拱架，再砌顶碹。砌直墙前，必须先将碹墙基础深度挖够后再进行砌碹工作。碹缝必须填满水泥砂浆，严禁出现干缝、重缝和瞎缝。砌碹后，必须进行勾缝。拌砂浆必须使用清水，严禁使用污水或其他酸性水。砌顶拱碹时，料石必须大头朝上。砌碹时，壁后必须用碎矸石充填，矸石粒度不大于 40 mm。

第四节　采煤方法与采煤工艺

一、采煤方法

采煤方法是指采煤工艺与回采巷道布置及其在时间、空间上的相互配合。就世界范围来说，采煤方法可分为两大体系，即长壁体系（亚、欧国家多使用）和短壁体系（美洲国家多采用）。

（一）长壁体系

长壁体系采煤方法，以长工作面采煤为主要标志，工作面较长，一般在 100 m 左右，有的达到 300 m 以上；推采长度在 1 000 m 以上，有的达到数千米。陕西小保当煤矿 2 号井某工作面长度达到 450 m，榆林地区的石圪台煤矿推采长度达到 5 000 m 以上。

1. 走向长壁采煤法

走向长壁采煤法的特点是采煤工作面沿煤层倾斜方向布置，沿走向方向推进。在采煤工作面的上方和下方沿走向分别布置回风平巷和运输平巷，构成采煤工作面和采区巷道之间的通风、运输和行人通道。图 3-20 为走向长壁采煤工作面布置。

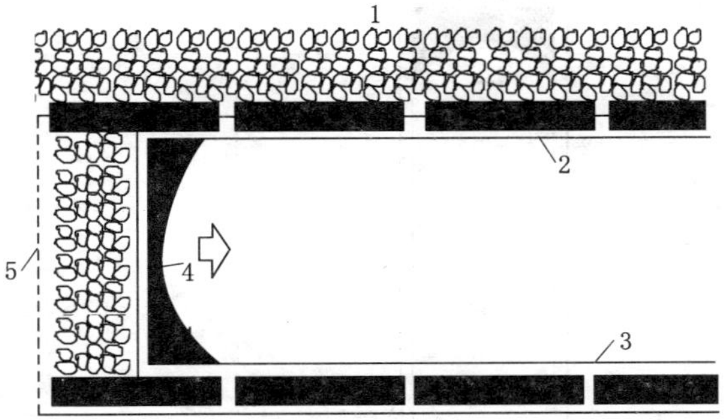

1—采空区；2—工作面回风巷；3—工作面进风巷；4—工作面；5—开切眼。

图 3-20 走向长壁采煤工作面布置

采煤工作面的推进方向有后退式和前进式两种。后退式是由采区边界向采区上山（或石门）推进。前进式是由采区上山（或石门）向采区边界推进。我国各矿区大多采用后退式回采。高瓦斯、煤与瓦斯突出、有容易自燃或者自燃煤层的矿井，不得采用前进式采煤方法。

2. 倾斜长壁采煤法

倾斜长壁采煤法的特点是回采工作面沿水平走向布置，沿倾斜上行仰采或下行俯采推进。此法适用于倾角在 12°以下的缓倾斜、地质条件简单的煤层，地质构造复杂时不能用此法。使用这种方法采煤的最突出特点是巷道掘进率低，运输环节少，系统简单，经济效益显著。如图 3-21 所示。

(1) 倾斜长壁采煤法的适用条件。

是否布置成倾斜长壁工作面首先要考虑煤层倾角的大小，其次考虑地质构造的特点，着重考虑断层的分布规律及工作面是否

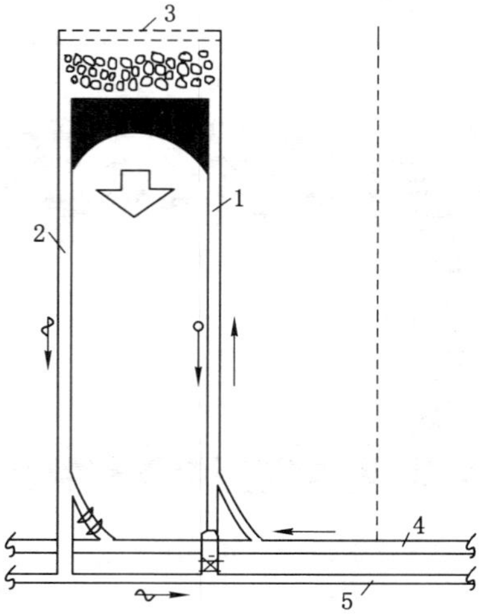

1—工作面进风巷；2—工作面回风巷；3—开切眼；4—进风大巷；5—回风大巷。

图 3-21 倾斜长壁采煤工作面布置

有足够的连续推进长度。按目前的设备条件，倾斜长壁采煤法主要适用于倾角在 12°以下的煤层。当对采煤工作面设备采取有效的技术措施后，可应用于倾角为 12°～17°的煤层。

（2）仰斜开采与俯斜开采的适用条件。

一般情况下，在顶板较稳定、煤质较硬、顶板淋水较大，或煤层易自燃需在采空区进行注浆时，宜采用仰斜开采。当煤层厚度和煤层倾角较大、煤质松软、容易片帮，或瓦斯含量较大时，宜采用俯斜开采。对于倾角较小或近水平煤层，进回风大巷并列布置，煤层条件无特殊要求时，可采用仰斜和俯斜开采相结合的方式，但要注意采煤工作面均应面向大巷方向，运输大巷以上部分采用俯斜开采，以下部分采用仰斜开采，这对于运输、通风和巷道维护均比较有利。

（二）短壁体系

短壁体系，也叫掘进采煤，即通过掘进实现采煤。

1．房柱式采煤法

房柱式采煤法的主要特点是：① 平行巷道多，运输大巷为平行的有 6～8 条平巷。② 使用连续采煤机掘进采煤。③ 支护简单，采用顶板锚杆支护，由锚杆打眼安装机完成。④ 系统简单。对于煤的运输，从工作面到胶带运输大巷，由梭车完成；从胶带运输大巷运到井底，若为平硐或斜井开拓时由带式输送机运到地面，若为立井开拓时由箕斗提升到地面。这种采煤方法将掘进和采煤合二为一。

20 世纪 70 年代至 80 年代中期，我国先后从美国引进几种型号的连续采煤机及其配套设备，在山西多个煤矿和黑龙江鸡西矿务局小恒山煤矿及陕西黄陵矿业公司 1 号煤矿等推广使用。但这种方式在地质构造复杂时不适用，目前，陕西黄陵矿业公司 1 号煤矿已改为综采。

2．巷柱式采煤法

巷柱式采煤法分为独头掘进和双巷掘进两种方法。独头掘进到一定长度时需采用后退式开帮挑顶回采，不能保证工作面两个安全出口，是被淘汰的采煤方法。双巷掘进到一定长度时，两巷用联络巷贯通，在联络巷内扩帮回采，扩到一定宽度时，则退后另开联络巷再进行扩帮回采，这样反复进行，直到采完为止。双巷掘进是小煤矿普遍使用的采煤方法，能保证工作面有两个安全出口，通风良好，安全性也较好。

因回采率、通风条件、工作效率等综合因素，我国基本上不采用短壁式开采方法，但遇到回收边角煤、急倾斜煤层等特殊条件时，可能会用到此种方法。

二、采煤工艺

在采煤工作面内按照一定顺序完成各项工序及其配合方式，

称为采煤工艺。采煤工艺是对破煤、装煤、运煤、支护及采空区处理五大工序的安排过程，主要有以下几种。

（一）爆破采煤工艺

长壁工作面通常使用爆破方法破煤、爆破及人工装煤、输送机运煤和单体支柱支护的采煤工艺。爆破采煤工艺的标志是爆破破煤。爆破采煤工艺因生产效率低、安全风险高等综合原因，在榆林地区已基本淘汰。爆破采煤工作面布置如图 3-22 所示。

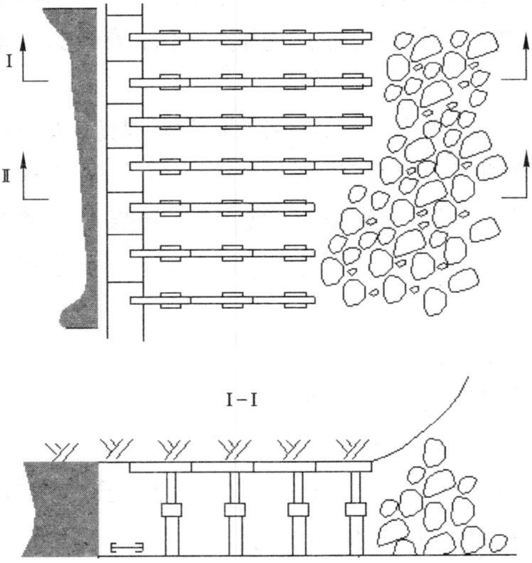

图 3-22　爆破采煤工作面布置

1. 打眼爆破落煤

该工序是指用煤电钻打眼、用安全炸药爆破，从而将煤壁炸碎，实现落煤。它包括钻眼、装药、连线和爆破等。常见的炮眼布置方式如图 3-23 所示。

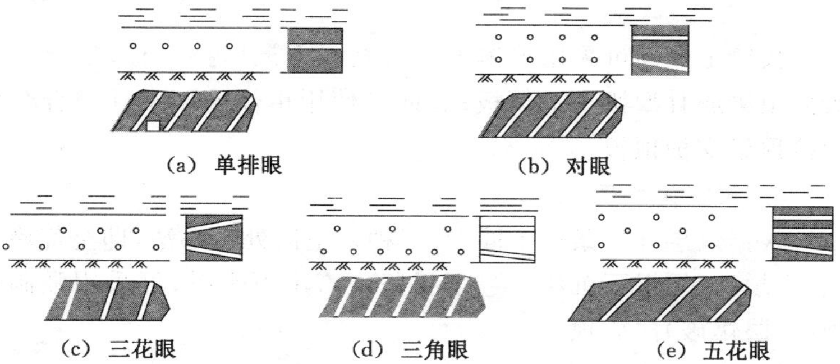

图 3-23　炮眼布置方式示意图

2. 装煤

爆破时大量的煤落于刮板输送机溜槽内，而落于输送机溜槽以外的煤则由人工用铁锹装上输送机。

3. 运煤

大多数情况下用可弯曲刮板输送机运煤；当煤层倾角为20°～25°时，可采用搪瓷溜槽运煤；当煤层倾角在 25°以上时，可采用铁溜槽运煤。

4. 推移刮板输送机

推移刮板输送机是指用液压千斤顶推移可弯曲刮板输送机至煤壁附近。推移输送机时，应从工作面一端向另一端依次推移。如图 3-24 所示。

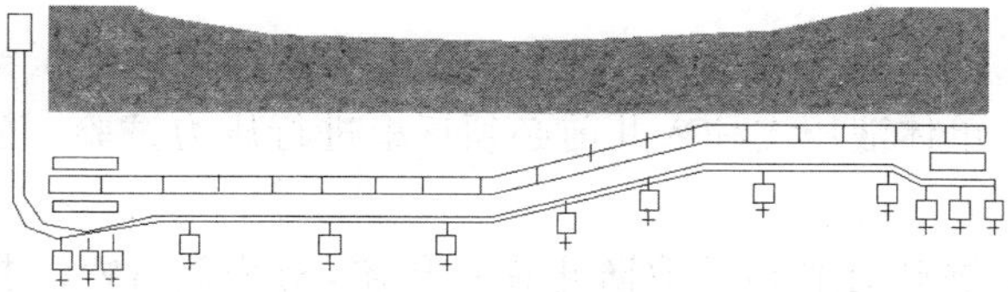

图 3-24　推移刮板输送机

5. 支护

长壁工作面可采用单体液压支柱或金属摩擦支柱，配合金属铰接顶梁或Ⅱ型梁支护顶板；后期多使用单体液压支柱配合金属铰接顶梁支护顶板。

6. 采空区处理

根据煤层开采条件不同，有三种采空区处理办法，即全部垮落法、充填法、缓慢下沉法。当顶板坚硬垮不下来时，可采用强制放顶（打眼爆破）法放顶。

7. 爆破采煤工作面的安全要求

（1）当工作面出现上下出口的支护达不到工程质量要求、风量不足、炮眼参数不符合作业规程、炮眼异常、煤壁伞檐突出0.5 m、瓦斯煤尘浓度超过规定、煤帮破碎或在爆破地点20 m以内有未清除的煤堆等情况时，不得装药。

（2）当工作面风量不足、工作面未检查瓦斯浓度或爆破地点附近20 m内风流中瓦斯浓度达到1%时，不得爆破。

（3）采煤工作面可以采用分组装药，但一组装药必须一次起爆。

（4）爆破时，一个工作面不允许同时使用2台（含）以上发爆器。

（5）工作面必须经常配备10%左右的备用支柱，并立放于工作面附近的安全、干燥、清洁的地点，严禁使用失效的单体液压支柱。

（6）不得混合使用不同性能或不同类型的单体液压支柱。

（7）单体液压支柱入井前必须逐根进行压力试验，并编号、登记造册。

（8）爆破时必须采取防止损坏措施，对崩倒、碰坏、损坏的支柱必须立即恢复或更换，禁止在控顶区内提前摘柱，底板松软时必须穿鞋。

(9) 严格按照作业规程的规定控制柱距、排距和控顶距，保证横成排、竖成线。

(10) 严禁将单体支柱作为推溜器使用。

爆破采煤工艺的特点是适应性强，所需设备少，投资小，易于开展，但产量小，效率低，工人劳动强度大，放顶作业不安全，顶板事故多。目前，该工艺已被淘汰。

(二) 普通机械化采煤工艺

普通机械化采煤工艺装备了单滚筒采煤机或双滚筒采煤机，可弯曲刮板输送机及单体液压支柱配合金属铰接顶梁；工作面破煤、装煤、运煤基本实现机械化，支护和采空区处理是人工进行的；在支护工序上未实现机械化，且自护与采煤等工序无法平行作业，会大大降低生产效率。榆林地区普通机械化采煤工作面布置如图 3-25 所示。

1. 破煤

在普通机械化采煤工作面，由采煤机上的滚筒不断旋转，滚筒上的截齿将煤截割下来。同时，应在工作面上下出口处打眼爆破开缺口，以配合采煤机工作。如图 3-26 所示。

2. 装煤

在普通机械化采煤工作面，由安设在采煤机滚筒上的螺旋叶片和挡煤板配合，将滚筒截割下的煤挡入刮板输送机溜槽；若还有少量煤未入溜槽，由人工清理入溜槽。

3. 运煤

在普通机械化采煤工作面，依靠铺设在工作面的可弯曲刮板输送机、平巷的转载机和带式输送机运煤。

4. 支护

在普通机械化采煤工作面，大多采用单体液压支柱配合金属铰接顶梁或Ⅱ型梁支护。

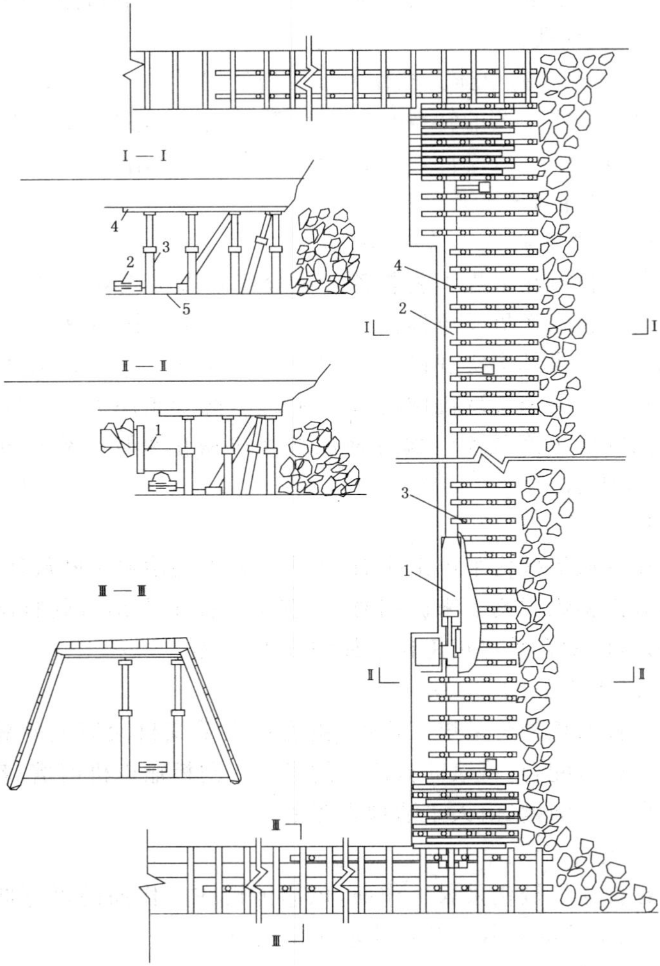

1—采煤机；2—刮板输送机；3—单体液压支柱；
4—铰接顶梁；5—推移千斤顶；6—运输平巷中的输送机。
图 3-25　普通机械化采煤工作面布置

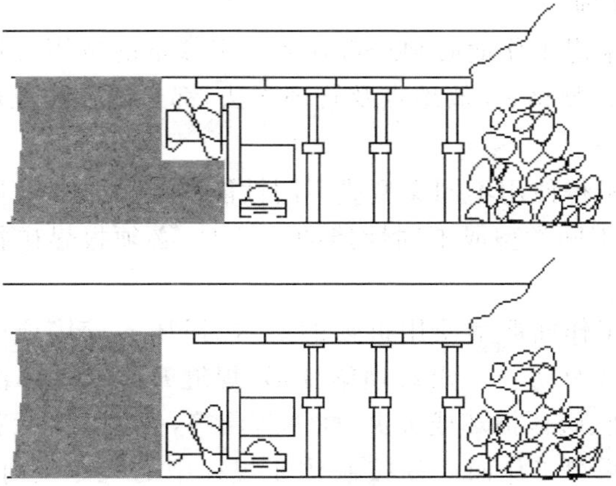

图 3-26 普通机械化采煤工作面破煤示意图

5. 采空区处理

普通机械化采煤工作面的采空区处理与爆破采煤工作面的采空区处理工艺相同，一般采用全部垮落法。

6. 普通机械化采煤工作面的安全要求

（1）工作面煤壁不得有伞檐。不得任意丢失顶底煤，工作面浮煤应清理干净。支架、刮板输送机和煤壁都应保持直线。

（2）遇到工作面顶板急剧来压，造成支柱大量折损及严重片帮冒顶；风量骤变，风向改变；空气骤然变热或变冷；有害气体超限，有异味；空气湿度和雾气骤然增加，煤帮、顶板、底板淋水和涌水量突然增大等情况时，必须停止工作，撤到安全地点，并向有关单位汇报，经处理确认安全后，方准恢复工作。

（3）采煤工作面回风流中瓦斯浓度超过 1%或二氧化碳浓度超过 1.5%时，必须停止工作，撤出人员。

（4）采煤工作面以及工作面电动机或其开关附近 20 m 以内风流中瓦斯浓度达到 1.5%时，必须停止工作，撤出人员，切断电源，进行处理。

(5) 采煤工作面必须经常存放一定数量的备用支护材料和坑木，其数量、规格、存放地点及管理方法，都必须在作业规程中明确规定。

(6) 不得使用不同类型或不同性能的支柱。如地质条件复杂必须使用不同类型或不同性能的支柱时，必须报煤矿技术负责人批准。

(7) 工作面严禁使用折损的坑木、损坏的铰接顶梁和失效的单体液压支柱等。如出现顶梁变形、焊缝开裂或单体液压密封件失效、漏液、阀体损坏或失灵，柱体弯曲等，必须立即更换。

(8) 采煤工作面必须按照作业规程中的规定及时支护，严禁空顶作业，所有支架都要架设牢固，并有防倒柱措施。严禁在浮煤或浮矸上架设支架。

(9) 严禁在控顶区域内提前摘柱。碰倒、损坏或失效的支架，必须立即恢复或更换。

(10) 采煤工作面如果遇顶底板破碎、过断层、过老巷、过原有煤柱或冒顶区时，都必须根据具体情况制定特殊安全措施，并报煤矿技术负责人批准。

(11) 工作面支柱要拉线打直，一排内各个支柱与基线误差不超过规定的±50 mm，排距不超过规定的±100 mm，柱距不大于规定的+100 mm 范围。

(12) 工作面应经常敲帮问顶，发现活煤矸、伞檐、顶板高层、顶板破碎、冒顶或片帮危险时，人员要站在斜上方用长把工具撬落或及时架设临时支护进行维护。

(三) 综合机械化采煤工艺

综合机械化采煤工艺的主要特点是采用采煤机落煤，用整体自移式液压支架支护顶板，落煤、装煤、运煤、支护全部工序均实现机械化。综采工作面设备的配套很关键，尤其应使采煤机、刮板输送机和液压支架三大设备均符合工作面的条件，并在生产能力、设备强度、空间尺寸等方面配套。榆林地区的煤矿，根据赋存煤层厚度等条件，普遍采用综合机械化采煤工艺，目前采高最高可达8.8 m。综合机械化采煤工作面布置如图3-27所示。

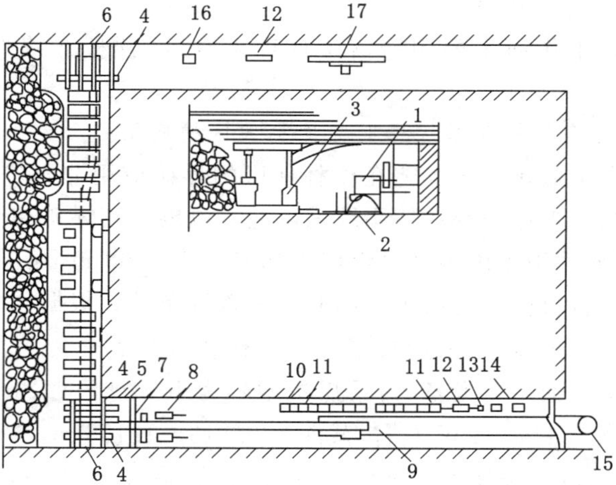

1—采煤机；2—可弯曲刮板输送机；3—工作面支架；4—端头支架；5—锚固支架；6—巷道棚梁；7—转载机；8—转载机推进装置；9—可伸缩带式输送机；10—集中控制台；11—配电点；12—泵站；13—配电点及泵站的推进装置；14—移动变电站；15—煤仓；16—安全绞车；17—单轨运输吊车。

图3-27　综合机械化采煤工作面布置

1. 落煤、装煤

综采工作面落煤、装煤均由采煤机完成。综采工作面主要采用双向割煤，往返一次进两刀，斜切式进刀。

2. 运煤

综采工作面采用可弯曲刮板输送机运煤。

3. 支护

综采工作面主要采用自移式液压支架支护，工作面两端一般采用端头支架支护。按支架与围岩的相互作用方式，支架可分为支撑式、掩护式和支撑掩护式三种基本类型。

4. 采空区处理

综采工作面主要用垮落法处理采空区，顶板在移架中自然垮落。

5. 综合机械化采煤工艺在榆林地区的应用

综合机械化采煤工艺在榆林地区的煤矿应用非常广泛，绝大多数的煤矿工作面都在使用综采工艺。以冯家塔煤矿初步设计为例，该煤矿井田范围内2号煤层平均厚度为3.08 m，煤层稳定，具有采用综合机械化一次采全高开采的资源条件。根据国内外煤层开采技术发展现状，采用长壁综合机械化开采和全部垮落法管理顶板。工作面主要设备为：采煤机型号为Joy 7LS6C Shearer型，装机功率为1 886 kW左右，截深为0.813～1.156 m，牵引速度为0～20 m/min，采高为1.42～3.8 m，销排系统牵引，额定电压为3 300 V。可弯曲刮板输送机型号为SGZ1000/2×700，运输长度为250 m，运输能力为2 000 t/h，交叉侧卸机头，双速电机牵引，额定电压为3 300 V。液压支架架型为支撑掩护式，架型为ZY8500/20/42，支撑高度为2.0～4.2 m，支护强度为0.7～0.85 MPa，工作阻力为8 500 kN，推移行程为900 mm，支架中心距为1 750 mm。结合矿井地质条件简单，综合考虑确定首采区工作面长度为240 m，推采长度为2 000～4 000 m。该采煤方法和工艺能够满足该矿井高产、高效、安全的要求。

6. 综合机械化采煤工作面安全要求

（1）工作面液压支架排成直线，排列偏差不应超过±50 mm；中心距偏差不应超过±100 mm；相邻支架间错差不应超过顶梁侧护板高的2/3，歪倒应小于±5°。

(2) 支架架设要与底板垂直,不得超高,与顶板接触要严密,迎山有力,不许空顶。

(3) 液压支架必须编号管理,支架要完好,无漏液、不串液、不失效,架内无浮煤、浮矸堆积。

(4) 平巷支护完整,无断梁折柱或空帮、空顶,巷道维修有专人负责。

(5) 巷道断面和人行道宽度符合作业规程的要求。

(6) 横跨带式输送机或刮板输送机应有过桥。

(7) 安全出口 20 m 范围内支架完整、无缺失,并有超前支护;巷道高度不低于 1.8 m。

(8) 工作面倾角超过 15°时,排头支架应安装防倒千斤顶,并经常保持拉紧状态;倾角大的工作面下部端头需架设木垛,以支撑第一架支架防止下滑。

(9) 采煤机状态能够满足安全生产的要求,备件齐全,截齿齐全、锋利,喷雾畅通、正常。

(10) 采煤机运行时,牵引速度符合规定。

(11) 采煤机割煤时,顶底板应割平整,油泵工作压力保持在规定范围内。

(12) 采煤机停机后,速度控制、机头离合器、电气隔离开关应打在断开位置。

(13) 液压支架移架前,整理好架前推移空间,清除架间杂物和顶梁上冒落的坚硬岩块。

(14) 移架时应一次移好,不得随意升降支架;架间空隙应背严,无漏矸或采空区矸石窜入支架底部现象。

(15) 移架完成后,操作手柄打到零位,并关闭截止阀。

(16) 推移刮板输送机时,应保持刮板输送机平直,推移距离保持一个步距;推移上下机头时,将机头和过渡槽处的杂物清理干净,保证机头不飘起。

(四) 刨煤机采煤工艺

刨煤机采煤工艺，是指利用带刨刀的煤刨沿工作面往复落煤，并通过煤刨的犁面将煤装入工作面输送机，刨煤机与刮板输送机组成刨煤机组，运煤、支护和采空区处理等与综采工艺相同。位于榆林府谷县的南梁煤矿建有全国首个国产全自动化刨煤机综采工作面。

1. 刨煤机采煤工艺的适用条件

刨煤机采煤工艺多用于薄煤层开采，适用开采范围：煤层厚度0.8～2.0 m，煤层倾角小于25°，煤质硬度$f \leqslant 3.5$。刨煤机采煤工艺可以实现薄煤层安全、高效、自动化开采，有效提高资源利用率，提高薄煤层机械化水平，提高薄煤层工作面生产效率。刨煤机采煤工作面布置如图3-28所示。

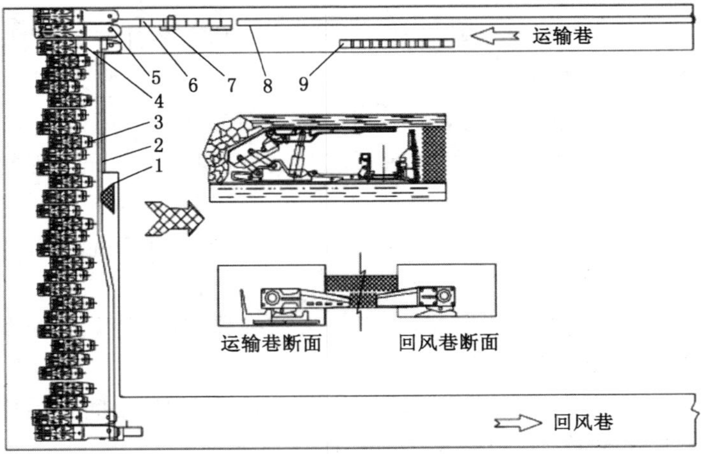

1—刨煤机；2—刮板输送机；3—液压支架；4—调节支架；5—端头支架；6—转载机；7—破碎机；8—带式输送机；9—变电列车。

图 3-28 刨煤机采煤工作面布置

2. 刨煤机的工作原理

刨煤机对于开采薄煤层是一种有效的落煤、装煤机械。刨头沿运行导轨，由刨链牵引，通过机头、机尾传动部在工作面往复运动，依靠刨刀对煤壁形成的静压力将煤刨落，在刨头和导轨犁形斜面的作用下将煤装入输送机运至工作面下端口。底刨刀和液压支架定量推进系统控制刨削深度，电气自动控制系统及电液控制系统控制刨头驱动电动机减速、停机、反向和液压支架的推溜、降架、拉架和升架。如此循环往复，实现连续采煤。刨煤机类型很多，国内使用的主要是静力刨，即刨刀靠锚链拉力对煤体施以静压力破煤。静力刨按其结构特点主要分为拖钩刨、滑行刨及拖钩滑行刨三类。图 3-29、图 3-30 分别为刨煤机和刨煤机工作示意图。

图 3-29 刨煤机

3. 刨煤机采煤工艺的优缺点

刨煤机同综采设备相比，具有以下优点。

(1) 更安全：刨头运行速度快、截深浅，降低了瓦斯的积聚，瓦斯释放量是采煤机开采的 1/10，粉尘量是采煤机开采的 1/5，顶板

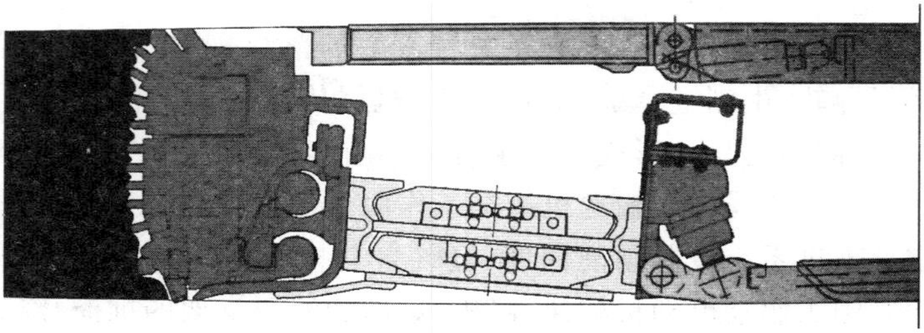

图 3-30　刨煤机工作示意图

管理可靠，改善了工作面的工作条件，空顶距是采煤机开采的1/3。

(2) 更高效：刨头以最大刨深高速运行，在仅 1.3 m 厚的煤层中，可实现 5 000 t 以上的日产量和 300 m 超长工作面开采，其他综采设备难以实现；块煤率是普通薄煤层综采设备的 1.5 倍。

(3) 更智能：不需要操作人员跟机行走，可在平巷内控制，可实现自动化和远程控制。在条件允许的前提下，可实现无人工作面。

(4) 更节约：维护费用比采煤机开采低 10%，可节电 30% 以上。

刨煤机的缺点主要有：对地质条件适应性不如滚筒式采煤机，调高比较困难，开采硬煤层比较困难，刨头与输送机和底板的摩擦阻力大，电动机功率的利用率低等。

4. 刨煤机采煤工作面的安全要求

(1) 工作面应至少每隔 30 m 装设能随时停止刨头和刮板输送机的装置，或者装设向刨煤机司机发送信号的装置。

(2) 刨煤机应当有刨头位置指示器；必须在刮板输送机两端设置明显标志，防止刨头与刮板输送机机头撞击。

(3) 工作面倾角在 12°以上时，配套的刮板输送机必须装设防滑、锚固装置。

(4) 要根据煤层硬度调整刨煤深度。为避免上漂或下扎，要随时调整刨刀角度，采高上限要小于支架高度 0.1 m，不准割碰顶梁。

(5) 刨头被卡住时必须停机，查找原因，不准来回开动刨头进行冲击。

(6) 不准用刨煤机刨坚硬夹石或硫化铁夹层。必须经过爆破处理后，才准开机刨煤。

(7) 紧链时，任何人不准靠近紧链叉或紧链钩。紧链工具取下后，方可开刨煤机。

(8) 不准用刨煤机牵拉、推移、拖吊其他设备和物件。

(9) 非紧急情况下，不准用紧急开关关停刨煤机。

(10) 不刨煤时，不得让刨煤机空运转，只许点动开关，防止过位损坏设备。

(11) 发现刨刀不锋利时，应立即更换。更换刨刀时，要将开关打在停电位置并闭锁刮板输送机，通知其他司机后，方可工作。

(12) 发现刨煤机有下列情况之一时，应立即停止刨煤，妥善处理后，方可继续刨煤：① 运转部件发出异常声音、强烈振动或温度超限时；② 各种指示灯、仪表指示异常时；③ 无直接操作刨煤机和刮板输送机随时启动或停止的安全装置，或该装置失灵时；④ 刨头被卡住闷车时；⑤ 有危及人员安全情况时；⑥ 工作面、运输巷刮板输送机停机时。

(五) 综采放顶煤采煤工艺

综采放顶煤是特厚煤层开采的技术之一，是指把原来需要分层开采的煤炭一次采出。综采放顶煤开采方法是沿煤层的底部布置采煤工作面，在煤层底部按传统方法使用综采设备开采，同时利用矿山压力及其他辅助措施，将顶煤从工作面后方一起放落在后部的刮板输送机上采出。综采放顶煤采煤工作面布置如图 3-31 所示。

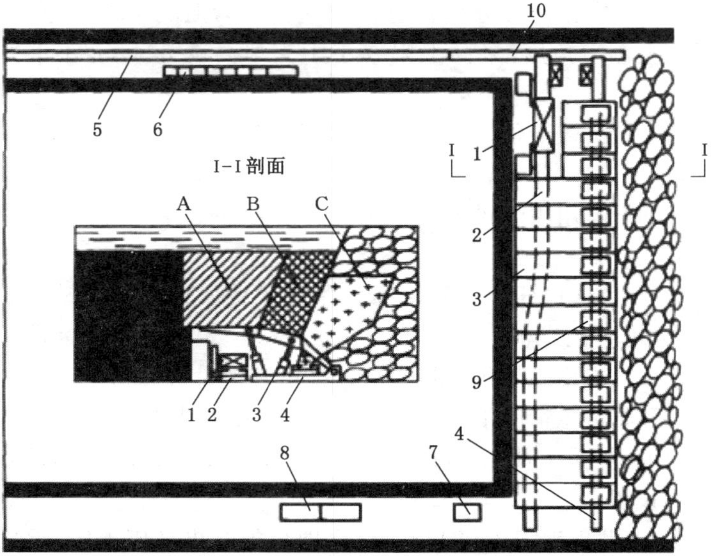

1—采煤机;2—前输送机;3—放顶煤液压支架;4—后输送机;
5—平巷带式输送机;6—配电设备;7—安全绞车;8—泵站;
9—放煤窗口;10—转载破碎机;
A—不充分破碎煤体;B—较充分破碎煤体;C—待放出松散煤体。

图 3-31 综采放顶煤采煤工作面布置

由于顶煤的冒放性不同,当煤质坚硬时,为改善顶煤的冒放性,必须对顶煤提前进行软化松动处理,主要手段是预爆破处理和注水软化。其中预爆破处理是在煤层中上部根据工作面切眼长度,沿走向方向布置若干条工艺巷,超前工作面,在工艺巷中对煤层顶部进行预爆破松动。

放顶煤综采机械由采煤机自移式液压支架及两部刮板输送机

组成。其中,液压支架与普通支架有所不同,一般在掩护梁上具有一个液控落煤接口,在掩护梁下安装第二部刮板输送机。

综采放顶煤采煤工艺在榆林地区的厚煤层开采中应用非常广泛,位于榆阳区的神树畔煤矿、千树塔煤矿,位于神木市的凉水井煤矿、高庄煤矿等都采用综采放顶煤工艺。

综采放顶煤工艺的安全要求如下。

(1) 有下列情形的,严禁采用综采放顶煤进行开采:缓倾斜、倾斜厚煤层的采放比大于1∶3,且未经行业专家论证的;急倾斜水平分段放顶煤采放比大于1∶8的;采区或者工作面采出率达不到矿井设计规范规定的;煤层有煤与瓦斯突出危险的;坚硬顶板、坚硬顶煤不易冒落,且采取措施后冒放性仍然较差,顶板垮落充填采空区的高度不大于采放煤高度的;矿井水文地质条件复杂,放顶煤开采后有可能与地表水、老窑积水和强含水层导通的;放顶煤开采后有可能连通火区的。

(2) 割煤时,应按直线割直煤壁,达到"两平"(顶板平、底板平),保证顶梁与顶板严密接触。如果工作面有局部倾角或挑顶卧底时,在平行于工作面煤壁方向,每架顶梁与顶板不出现大于50 mm的空隙;在垂直于煤壁方向,每架顶梁与顶板不出现大于100 mm的空隙,且不割碰支架顶梁、前探梁或人工假顶,不准强行截割硬岩。

(3) 在割煤或返刀过程中,采煤机滚筒要将机道浮煤清扫干净,减少前部输送机的推移阻力。

(4) 放顶煤工作面初采期间,应当根据需要采取强制放顶措施,使顶煤和直接顶充分垮落。

(5) 放煤工序与割煤工序应采用平行作业方式,移架后需及时放煤,收后部输送机前必须将煤放净。

(6) 放煤过程中,放煤工要互相配合,尽量不让后部输送机过载。

(7) 当有大块煤卡在放煤口影响放煤时,要反复进行尾梁及插板动作,迫使大块煤破碎。当发现矸石时,严格执行"见矸关门"的原则。

(8) 放顶煤工作面的放煤口必须安装喷雾装置,放煤时同步喷雾。

(9) 顶煤回收率应符合要求,避免采空区遗煤过多、出现自然发火的隐患。

第五节　矿井生产系统

煤矿生产和其他行业一样,也有很多生产系统,而且每个生产系统的可靠性比其他行业要求都更严格。只有各个生产系统正常运转,才能保证安全生产。煤矿生产系统主要有采煤系统、运输提升系统、运料排矸系统、通风系统、供电系统、供水和排水系统等。

一、采煤系统

煤矿生产的核心是利用各种采煤方法进行采煤作业,包括合理的巷道布置和适宜的采煤工艺。本章第四节已经做过详细的介绍。

二、运输提升系统

将井下煤炭运输提升到地面的设施设备及井巷布置统称为运输提升系统,它担负着煤炭运输提升的重要任务。以榆林地区为例,因多采用平硐、斜井开拓,运煤系统多采用安装带式输送机的方式,通过胶带搭接、煤仓中转等将煤炭从工作面运送至地面,少部分采用立井开拓的矿井,从井底煤仓到地面则需要通过箕斗进行提升。

三、运料排矸系统

运料排矸系统担负着将掘进出的矸石运往地面,并将机械设备和材料从地面运输到井下工作面,以及人员上下班的运输,该系统又称为辅助运输系统。榆林地区的矿井多采用防爆无轨胶轮车进行运输,具有系统灵活性高、运输效率高、成本低等优势。

四、通风系统

矿井通风系统是矿井生产中最重要的生产系统之一。只有通风系统的合理、正常运转，才能保证井下有害气体的排放和稀释，才能保证井下工作人员所需的新鲜空气得到满足，才能创造良好的气候条件，为矿井的安全生产提供最基础的保障。

五、供电系统

供电系统为煤矿井下生产提供所需动力。由于煤矿生产的特殊性，对于矿井供电系统要求绝对可靠。为了保证可靠供电，要求必须有双回路电源供电。若某一路供电系统出现故障，另一路供电系统应能立即供电，否则将发生重大事故。

一般矿井供电系统的流程是：双回路电网→矿井地面变电所→井筒→井下中央变电所→采区变电所→工作面用电点。

六、供水和排水系统

煤矿井下需采取喷雾、洒水等措施进行减尘、降尘，井下防火、灭火也需要用水，而在生产过程中产生的涌水又会对安全生产造成威胁，矿井水又必须排到地面。因此，矿井都建有供水、排水系统。

（一）供水系统

供水系统的流程为：地面蓄水池（通过管路）→井筒→井底车场→运输大巷→采区上（下）山→区段集中巷→区段斜巷→工作面。

在供水管路中，还有大巷洒水、喷雾等防尘设施。各运煤转载点都设有洒水灭尘喷头，采掘工作面设有灭尘喷雾洒水设施等。

（二）排水系统

矿井水主要来自井下含水层水、断层水、采空区水及地表水的补给，在生产中必须排到地面。为了排水，一般在井底车场处设中央水仓和水泵房。中央水仓一般设有两个，一个负责储水，一个负责清理，轮换使用。水泵房设有水泵和水管，负责将水排到地面。

运输大巷、回风大巷及各类有水巷道中的人行道侧有水沟，井下各处的水通过水沟自流到井底中央水仓。若为下山采区时，工作面的水将通过水泵排到大巷水沟，自流到水仓。

煤矿井下除以上主要生产系统外，还有一些辅助系统，如煤矿安全避险系统、灌浆系统、瓦斯抽排系统、通信系统等，都为煤矿安全生产提供技术、设施、设备保障。

第四章　机械电气安全

第一节　机械安全基础知识

机械设备无处不在、无时不用，是人类进行生产经营活动不可或缺的重要工具和手段。现代机械科技含量高，是机、电、光、液等多种技术集成的复杂系统。机械在减轻劳动强度给人们带来方便的同时，也带来了不安全因素。任何利用机械在进行生产或服务活动时都伴随着安全风险，机械安全问题越来越受到人们的重视。

一、机械基本概念

机械是由若干个零部件连接构成，其中至少有一个零部件是可运动的，并且配备或预定配备动力系统，是具有特定应用目的的组合。机械包括三类：① 单台的机械。例如，木材加工机械、金属切削机床、起重机等。② 实现完整功能的机组或大型成套设备，即为同一目的由若干台机械组合成一个综合整体，如自动生产线、加工中心、组合机床等。③ 可更换设备，即可以改变机械功能的、可拆卸更换的、非备件或工具设备。这些设备可自备动力或不具备动力。

机械安全是指在机械生命周期所有阶段，按规定的预定使用条件执行其功能的安全，即在风险已被充分减小的机器的寿命周期内，机器执行其预定功能，以及在运输、安装、调整、维修、拆卸、停用、报废时，不产生损伤或危害健康的能力。机械安全由组成机械的各部分及整机的安全状态来保证，由使用机械的人的安全行为来保证，由人-机的和谐关系来保证。

二、机械分类

按照机械的使用用途，可以将机械大致分为10类，包括动力机械、金属切削机械、金属成型机床、交通运输机械、起重运输机械、工程机械、农业机械、通用机械[泵、风机、压缩机、阀门、真空设备、减（变）速机等]、轻工机械、专用机械[冶金机械、采煤机械、化工机械、石油机械等]。

三、机械使用过程中的危险有害因素

机械使用过程中的危险可能来自机械设备和工具自身、原材料、工艺方法和使用手段、人对机器的操作过程，以及机械所在场所和环境条件等多方面，可分为机械性危险和非机械性危险。

（一）机械性危险

机械性危险包括与机器、机器零部件或其表面、工具、工件、载荷、飞射的固体或流体物料有关的，可能会导致挤压、剪切、碰撞、切割或切断、缠绕、碾压、吸入或卷入、冲击、刺伤或刺穿、摩擦或磨损、抛出、绊倒和跌落、高压流体喷射等的危险。产生机械性危险的条件因素主要有以下几个方面。

（1）形状或表面特性。如锋利刀刃、锐边、尖角形等零部件、粗糙或光滑表面。

（2）相对位置。如由于机器零部件运动可能产生挤压、剪切、缠绕区域的相对位置。

（3）动能。具有运动（速度、加速、减速）以及运动方式（平动、交错运动或旋转运动）的机器零部件与人体接触，零部件松动、松脱、掉落或折断、碎裂、甩出等。

（4）势能。人或物距离地面有落差且在重力影响下的势能，高空作业人员跌落危险、弹性元件的势能释放、在压力或真空下的液体或气体的势能，高压流体（液压和气动）压力超过系统元器件额定安全工作压力等。

（5）质量和稳定性。机器抗倾翻性或移动机器防风抗滑的稳定性。

(6) 机械强度不够导致的断裂或破裂。

(7) 料堆(垛)坍塌、土岩滑动造成掩埋所致的窒息危险等。

(二) 非机械性危险

非机械性危险主要包括电气危险、温度危险、噪声危险、振动危险、辐射危险、材料和物质产生的危险、未履行安全人机工程学原则而产生的危险等。

四、实现机械安全的途径与对策措施

机械设备安全应考虑其寿命的各个阶段，包括机械产品的安全和机械使用的安全两个阶段。机械产品的安全通过设计、制造等环节实现；机械使用的安全主要体现在执行预定功能的正常使用，包括安装、调整、查找故障和维修、拆卸及报废处理等环节。决定机械产品安全性的关键是设计阶段采用安全措施，同时，也要通过使用阶段采用安全措施来最大限度地减小风险。

第二节　煤矿机械

一、立斜井绞车机械基本要求

(1) 提升系统能力满足矿井安全生产需要。

(2) 各种安全保护装置符合《煤矿安全规程》规定。

(3) 立井提升装置的过卷过放、提升容器和载荷等符合《煤矿安全规程》规定。

(4) 提升装置、连接装置及提升钢丝绳符合《煤矿安全规程》规定。

(5) 制动装置可靠，副井及负力提升的系统使用可靠的电气制动。

(6) 立井井口及各水平阻车器、安全门、摇台等与提升信号闭锁。

（7）提升速度大于 3 m/s 的立井提升系统内，安设有防撞梁和缓冲托罐装置；单绳缠绕式双滚筒绞车安设有地锁和离合器闭锁。

（8）斜井提升制动减速度达不到要求时应设二级制动装置。

（9）提升系统通信、信号装置完善，主副井绞车房与矿调度室有直通电话。

（10）上、下井口及各水平安设有摄像头，机房有视频监视器。

（11）地面机房安设有应急照明装置。

（12）使用低耗、先进、可靠的电控装置，有电动机及主要轴承温度和振动监测。

（13）主井提升宜采用集中远程监控，可不配司机值守，但应设图像监视，并定时巡检。

二、带式输送机基本要求

（1）提升运输能力满足矿井、采区安全生产需要。

（2）电动机保护齐全、可靠。

（3）装设有防滑、防跑偏、防堆煤、防撕裂和输送带张紧力下降保护装置，以及温度、烟雾监测和自动洒水装置。

（4）上运输送机装设防逆转和制动装置，下运输送机装设有软制动装置且装设防超速装置。

（5）减速器与电动机采用软连接或软启动控制，不应使用离心式联轴器，液力耦合器不使用可燃性传动介质（调速型液力耦合器不受此限）。

（6）输送带、滚筒、托辊等材质符合规定，采用非金属聚合物制造的输送带、托辊和滚筒包胶材料的阻燃性能和抗静电性能符合有关标准的规定；滚筒、托辊转动灵活，带面无损坏、漏钢丝等现象。

（7）倾斜井巷使用的钢丝绳芯输送机有钢丝绳芯及接头状态检测装备。

（8）钢丝绳芯输送机设有沿线紧急停车、闭锁装置，装、卸载处设有摄像头。

（9）机头、机尾及搭接处设有照明装置，转动部位设有防护栏和警示牌，行人跨越处设有过桥。

（10）在大于16°的倾斜井巷中应当设置防护网，并采取防止物料下滑、滚落等安全措施。

（11）连续运输系统安设有连锁、闭锁控制装置，沿线安设有通信和信号装置。

（12）集中控制硐室安设有与矿调度室直通电话。

（13）使用低耗、先进、可靠的电控装置，有电动机及主要轴承温度和振动监测。

（14）宜采用集中远程监控，实现无人值守。

三、主通风机基本要求

（1）主要通风机性能满足矿井通风安全需要。

（2）电动机保护齐全、可靠。

（3）使用在线监测装置，并且具备通风机轴承、电动机轴承、电动机定子绕组温度检测和超温报警功能，具备振动监测及报警功能。

（4）每月倒机、检查一次。

（5）安设有与矿调度室直通电话。

（6）机房设有水柱计、电流表、电压表等仪表，并定期校准。

（7）机房安设应急照明装置。

（8）使用低耗、先进、可靠的电控装置。

四、压风机械基本要求

（1）供风能力满足矿井安全生产需要。

（2）压缩机、储气罐及管路设置符合《煤矿安全规程》和《中华人民共和国特种设备安全法》等规定。

（3）电动机保护齐全、可靠。

(4) 压力表、安全阀、释压阀设置齐全、有效,定期校准。

(5) 油质符合规定,有可靠的断油保护。

(6) 水冷压缩机水质符合要求,有可靠的断水保护。

(7) 风冷压缩机冷却系统及环境符合规定。

(8) 温度保护齐全、可靠,定值准确。

(9) 井下压缩机运转时有人监护。

(10) 机房安设有应急照明装置。

(11) 使用低耗、先进、可靠的电控装置,有电动机及主要轴承温度和振动监测。

(12) 地面压缩机宜采用集中远程监控,实现无人值守。

五、排水机械基本要求

(一) 矿井及采区主排水系统基本要求

(1) 排水能力满足矿井、采区安全生产需要。

(2) 泵房及出口,水泵、管路及配电、控制设备,水仓蓄水能力符合《煤矿安全规程》规定。

(3) 有可靠的引水装置。

(4) 设有水位观测及高、低水位声光报警装置。

(5) 电动机保护装置齐全、可靠。

(6) 排水设施、水泵联合排水试验、水仓清理等符合《煤矿安全规程》规定。

(7) 水泵房安设有与矿调度室直通电话。

(8) 各种仪表齐全,及时校准。

(9) 使用低耗、先进、可靠的电控装置,有电动机及主要轴承温度和振动监测。

(10) 宜采用集中远程监控,实现无人值守。

(二) 其他排水地点基本要求

(1) 排水设备及管路符合规定要求。

(2) 设备完好,保护齐全、可靠。

（3）排水能力满足安全生产需要。

（4）使用小型自动排水装置。

六、供热降温机械基本要求

（一）热水锅炉基本要求

（1）安设有温度计、安全阀、压力表、排污阀。

（2）按规定安设可靠的超温报警和自动补水装置。

（3）系统中有减压阀，热水循环系统定压措施和循环水膨胀装置可靠，有高低压报警和连锁保护。

（4）停电保护、电动机及其他各种保护灵敏可靠。

（5）有特种设备使用登记证和年检报告。

（6）安全阀、仪器、仪表按规定检验，有检验报告。

（7）水质合格，有检验报告。

（二）蒸汽锅炉基本要求

（1）安设有双色水位计或两个独立的水位表。

（2）按规定安设可靠的高低水位报警和自动补水装置。

（3）按规定安设压力表、安全阀、排污阀。

（4）按规定安设可靠的超压报警器和连锁保护装置。

（5）温度保护、熄火保护、停电自锁保护以及电动机和其他各种保护灵敏、可靠。

（6）有特种设备使用登记证和年检报告。

（7）安全阀、仪器、仪表按规定检验，有检验报告。

（8）水质合格，有检验报告。

（三）热风炉基本要求

（1）安设有防火门和栅栏，有防烟、防火、超温安全连锁保护装置，有一氧化碳检测和洒水装置。

（2）电动机及其他各种保护灵敏、可靠。

（3）出风口处电缆有防护措施。

（4）锅炉距离入风井口不小于 20 m。

(5) 有国家或者当地主管部门颁发的安全性能合格证。

(四) 降温系统基本要求

(1) 设备完好。

(2) 各类保护齐全、可靠。

(3) 各种阀门、安全阀灵活、可靠。

(4) 仪表正常,有检验报告。

(5) 水质合格,有化验记录。

第三节　安全人机工程

安全人机工程是运用人机工程学的理论和方法研究“人-机-环境”系统,并使三者在安全的基础上达到最佳匹配,以确保系统高效、经济运行的一门综合性的科学。在人机系统中,人始终处于核心并起主导作用,机器起着安全可靠的保障作用。

安全人机工程的研究内容主要包括四个方面:① 分析机械设备及设施在生产过程中存在的不安全因素,并有针对性地进行可靠性设计、维修性设计、安全装置设计、安全启动和安全操作设计及安全维修设计等;② 研究人的生理和心理特性,分析研究人和机器各自的功能特点,进行合理的功能分配,以建构不同类型的最佳人机系统;③ 研究人与机器相互接触、相互联系的人机界面中信息传递的安全问题;④ 分析人机系统的可靠性,建立人机系统可靠性设计原则,据此设计出经济、合理以及可靠性高的人机系统。

一、人的特性

(一) 人的生理特性

人体能量的产生和消耗称为能量代谢。影响人体作业时能量代谢的因素很多,如作业类型、作业方法、作业姿势、作业速度等。劳动强度是以作业过程中人体的能耗量、氧耗、心率、直肠温度、排汗率或相对代谢率等指标分级的。

体力劳动强度指数是区分体力劳动强度等级的指标，指数大，反映劳动强度大；指数小，反映劳动强度小。体力劳动强度按大小分为 4 级，分别是轻劳动、中等劳动、重劳动和极重劳动，见表 4-1。

表 4-1　体力劳动强度分级表

体力劳动强度级别	体力劳动强度指数(I)	劳动强度
Ⅰ	$I \leqslant 15$	轻劳动
Ⅱ	$15 < I \leqslant 20$	中等强度劳动
Ⅲ	$20 < I \leqslant 25$	重强度劳动
Ⅳ	$I > 25$	很重强劳动

疲劳分为肌肉疲劳和精神疲劳两种。肌肉疲劳是指过度紧张的肌肉局部出现酸痛现象，一般只涉及大脑皮层的局部区域；精神疲劳则与中枢神经活动有关，是一种弥散的、不愿意再做任何活动的懒惰感觉，意味着肌体迫切需要得到休息。劳动过程中，人体承受了肉体或精神上的负荷，受工作负荷的影响产生负担，负担随时间推移，不断地积累就将引发疲劳。大多数影响因素都会带来生理疲劳，但是肌体疲劳与主观疲劳感未必同时发生，有时肌体尚未进入疲劳状态，却出现了心理疲劳。如劳动效果不佳、劳动内容单调、劳动环境缺乏安全感、劳动技能不熟练等原因，均会诱发心理疲劳。

单调作业是指内容单一、节奏较快、高度重复的作业。单调作业所产生的枯燥、乏味和不愉快的心理状态，又称为单调感。轮班制分为单班制、两班制、三班制、四班制等。各个行业应当根据行业自身的特点、劳动性质及劳动者身心需要安排轮班方式。

对于日夜轮班制度的研究，必须同时考虑工作效率和劳动者的身心健康。人的生理环境不易逆转，而夜班则破坏了劳动者的生物节律。夜班作业者疲劳自觉症状多，人体的负担程度大，连续3～4天夜班作业，就可以发现有疲劳累积的现象，甚至连上几周夜班也难以完全习惯。轮班作业易发生疲劳的另一原因，是夜班作业者在白天难以得到充分休息，长此以往，疲劳将会给作业者的身心健康带来显著的不利影响。

（二）人的心理特性

有事故统计资料表明，由人的心理因素引发的事故占70%～75%，或者更多。安全心理学的主要研究内容和范畴包括能力、性格、需要与动机、情绪与情感和意志等方面。

二、机械的特性

依据对人的特性的描述，我们从以下七个方面描述机器的特性。

（一）信息接收

对于信息接收，机器在接受物理因素时，其检测度量的范围非常广，机器能够正确地检测电磁波等人无法检测的物理量，机器能在视觉范围以外，使用红外线或者其他电磁波进行工作，这是人所无法企及的。

（二）信息处理

对于信息处理，机器若按预先编程，可快速、准确地进行工作。机器记忆正确并能长时间储存，调出速度快；能连续进行超精密的重复操作和按程序的大量常规操作，可靠性较高；对液体、气体和粉状体的处理比人优越，但处理柔软物体不如人；能够正确地进行计算，但难以修正错误；图形识别能力弱；能进行多通道的复杂动作。

（三）信息的交流与输出

机器与人之间的信息交流只能通过特定的方式进行，机器能够输出极大的和极小的功率，但在做精细的调整方面，多数情况下不如人手；一些专用机械的用途不能改变，只能按程序运转，不能随机应变。

（四）学习与归纳能力

在学习与归纳能力方面，机器的学习能力较差，灵活性也较差，只能理解特定的事物，决策方式只能通过预先编程来确定。

（五）可靠性和适应性

机器可连续、稳定、长期地运转，但是也需要适当地进行维修和保养；机器可进行单调的重复性作业，而不会疲劳和厌烦；机器的可靠性与成本有关，设计合理的机器对设定的作业有很高的可靠性，但对意外事件则无能为力；机器的特性固定不变，不易出错，但是一旦出错则不易修正。

（六）环境适应性

在环境适应性方面，机器能非常好地适应不良的环境条件，可在具有放射性、有毒气体、粉尘、噪声、黑暗、强风暴雨等恶劣的环境、甚至危险的环境下可靠地工作。

（七）成本

在成本方面，机器设备一次性投资可能过高，包括购置费、运转和保养维修费。但是，在寿命期限内的运行成本较人工成本要低；缺陷是万一机器不能使用，其本身价值则完全失去。

三、人与机器特性的比较

（一）人优于机器的功能

（1）在感知方面，人的某些感官的感受能力比起机器来要优越。例如，人的听觉器官对音色的分辨力以及嗅觉器官对某些化学物质的感受性等，都显著优于机器。

（2）人能够运用多种通道接收信息。当一种信息通道发生障碍时，人可运用其他的通道进行补偿，而机器只能按设计的固定结构和方法输入信息。

（3）人具有高度的灵活性和可塑性，能随机应变，采取灵活的程序和策略处理问题。人能根据情境改变工作方法，能学习和适应环境，能应付意外事件和排除故障，有良好的优化决策能力。而机器在应付偶然事件时的程序则非常复杂，需要预先设定，任何高度复杂的自动系统都离不开人的参与。

(4) 人能长期、大量储存信息并能综合利用记忆的信息进行分析和判断，具有总结和利用经验、除旧创新、改进工作的能力。人能进行归纳、推理，在获得实际观察资料的基础上，能够归纳出一般结论，形成概念，并能创造、发明。而机器无论多么复杂，只能按照人预先编排好的程序进行工作。

(5) 人的最重要的特点是有感情、意识和个性，具有能动性，能继承历史、文化和精神遗产。人在社会生活中，接受社会的影响，有明显的社会性。

(二) 机器优于人的功能

(1) 机器能平稳而准确地输出巨大的动力，输出值域宽广，而人受身体结构和生理特性的限制，可使用的力量小和输出功率较小。

(2) 机器的动作速度极快，信息传递、加工和反应的速度也极快。

(3) 机器运行的精度高，现代机器能做极高精度的精细工作。

(4) 机器产生的误差随机器精度的提高而减小，而人的操作精度远不如机器，对刺激的感受阈也有限。

(5) 机器的稳定性好，做重复性工作时不存在疲劳和单调等问题，人的工作易受身心因素和环境条件等的影响，因此在感受外界作用和操作的稳定性方面不如机器。

(6) 机器对特定信息的感受和反应能力一般比人高，如机器可以接受超声、电离辐射、微波、电磁波和磁场等信号，还可以做出人难以做出的反应，如发射电讯信号、发出激光等。

(7) 机器能同时完成多种操作，且可保持较高的效率和准确度，人一般只能同时完成1～2项操作，而且两项操作容易相互干扰，而难以持久地进行。

(8) 机器能在恶劣的环境条件下工作，如机器在高压、低压、高温、低温、超重、缺氧、辐射、振动等条件下都可以很好地工作，而人则无法耐受恶劣的环境。

四、人机系统和人机作业环境

（一）人机系统

系统是由相互作用、相互依存的要素（部分）组成的，具有特定功能的有机整体。人机系统是由相互作用、相互依存的人和机器两个子系统构成，能完成特定目标的一个整体系统。人是指机器的操作者或使用者；机器的含义是广义的，泛指人所操纵或使用的各种机器、设备、工具，甚至环境因素等的总称。人机系统还有一个重要因素——人机界面。人的子系统的功能主要是感受刺激、使用大脑进行信息加工、做出反应；机器子系统的功能主要是控制装置、机器运转、显示装置。在人机系统中，人与机器之间存在着信息回路，系统能否正常工作，取决于信息传递过程能否持续有效地进行，或取决于信息流和能量流能否正常无误地流动。

（二）人机系统的类型

人机系统按系统的自动化程度可分为人工操作系统、半自动化系统和自动化系统三种。

（三）人机作业环境

人机作业环境包括的因素很多，如照明环境、声环境、色彩环境、气候环境、空气中的气体成分环境等。

第四节　煤矿电气

电气安全是与电能关联的安全。电气安全包括电能产生、电能转换、电能应用中的安全，也包括雷电、静电等非电能应用过程中的安全。煤矿井下特殊的生产条件，决定了煤矿生产由许多环节组成，煤矿井下安全供用电就是其中重要的环节之一。

一、供电系统的特殊要求及分类

（一）煤矿企业对供电系统的特殊要求

煤矿是电力系统的重要用户，电力是煤矿生产的主要能源和动力。为了适应煤矿企业的特点，矿井供电应满足供电可靠、安全、经济、优质等要求。在符合以上要求的前提下，应力求供电系统简单节能、安装运行操作方便、建设投资少和运行维护费用低等。

（二）煤矿企业供电系统的分类

按用户重要性和事故停电对人身安全或在经济方面所造成的损失和影响程度不同，煤矿电力负荷分为一级、二级、三级负荷。凡因突然停电造成人身伤亡或重要设备损坏、给企业造成重大经济损失的负荷，均为一级用户，如煤矿主要通风机、井下主排水泵、副井提升机等。对此类负荷，必须有两个以上的独立电源供电。凡因突然停电造成较大幅度的减产或较大经济损失的负荷，均为二级用户，如煤矿集中提煤设备、地面空气压缩机、采区变电所等。对此类负荷，可以用两个电源供电或环形线路供电。凡不属于一、二级用户的负荷，均为三级用户。这类用户突然停电对生产没有直接影响，如煤矿机修厂、生活区等，常用单回路供电。对煤矿电力负荷的分类有利于合理供电，当供电系统发生事故或检修、限制用电负荷时，就能区别轻重缓急，停止三级用户供电，保证对二级用户全部或部分供电，确保对一级用户的连续供电。

二、矿井供电系统

矿井供电系统是由矿内各级变电所的变压器、配电装置、电力线路以及用户按照一定方式连接起来的一个整体。根据矿井及井田范围、煤层埋藏深度、开采方式、井下涌水量、矿井年产量等不同，矿井供电系统分为深井和浅井两大典型供电系统。应根据矿井情况进行技术经济比较后，确定安全合理的供电系统。井下供电系统由井下中央变电所、采区变电所（或防爆移动变电站）、工作面配电点、各输配电线路和用电设备组成。典型煤矿井上、井下供电系统如图 4-1 所示。

（一）地面变电所

受电电源来自电力系统的区域变电所或发电厂，经变压器降压后再配给煤矿各个用户，组成煤矿供电系统。地面变电所是矿区供电的枢纽，担负着井上、井下变配电的任务。向井下供电的电压有 6 kV 和 10 kV 两种，随着矿井生产规模的不断扩大，10 kV 供电的优势逐渐显现，如用 6 kV 供电不能满足生产需求时，采用 10 kV 电压供电，电网输送能力可提高 3 倍，同时又可节约投资、降低损耗，提高供电系统可靠性。

（二）井下中央变电所

井下中央变电所是全矿井下供电的中心，接受从地面变电所送来的高压电能后，分别向采区变电所及主排水泵等高压设备转供电能，并通过变电所内的矿用变压器降压后，再向井底车场附近低压动力和照明供电。井下中央变电所一般与井下主要排水泵房合建在一个硐室内，设在井底车场附近。对多个水平生产的煤矿，也可在各水平分别设井下中央变电所。

（三）采区变电所

采区变电所是采区的供电中心，其任务是将井下中央变电所送来的高压电能变为低压电能，并将低压电能配送到采掘工作面配电点或其他用电设备。它既是井下供电系统的主要组成部分，又是矿井供电系统安全运行的薄弱环节。采区变电所位置选择是否合理，对于供电安全和供电质量有直接影响，一般由供电电压等级、供电距离、采煤方法及采区巷道布置方式、机械化程度、采煤机组容量大小等因素所决定。井区变电所一般设在上下山接近采区附近、能向最多生产机械供电的负荷中心，力求减少变电所的移动次数。具体采用何种供电系统，可根据实际生产需要而确定。

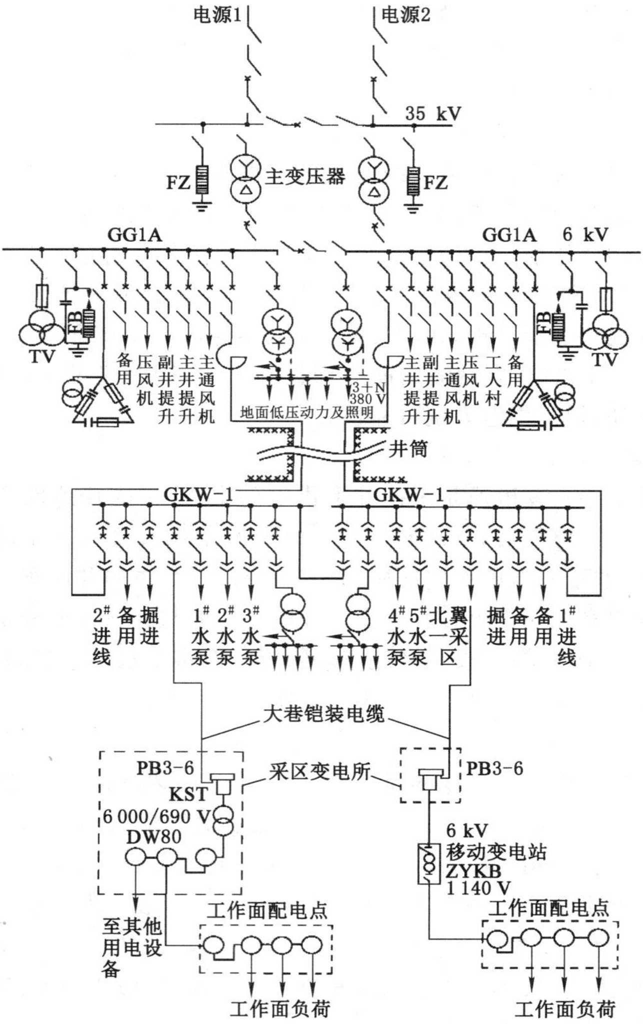

图 4-1 典型煤矿井上、井下供电系统

(四) 工作面配电点

为了便于操作工作面的动力设备,必须在工作面附近巷道中设置控制开关和起动器,由这些装置所组成的总体叫作工作面配电点。工作面配电点可分为采煤与掘进两种,并随着工作面的推进而定期移动。工作面配电点的作用是由采区变电所或移动变电站供电,并通过控制开关及起动器把电能送至工作面各用电设备。采掘工作面配电点的位置和空间必须能满足设备检修和巷道运输、矿车通过及其他设备安装的要求,并用不燃材料支护。

对采掘工作面供电的一般要求:采掘工作面一般应用低压供电,配电电压等级不应超过 1 200 V;照明、手持式电气设备、信号装置的供电电压不应超过 127 V;远距离控制线路的额定电压不应超过 36 V。低压供电系统允许同时存在两种或两种以上的电压,采区电气设备使用 3 300 V 供电时,必须制定专门的安全措施,且所有低压电气设备均应明显地标出其电压额定值。

三、安全供电的相关规定

(1) 矿井应当有两回路电源线路。

(2) 矿井供电电能质量应当符合国家有关规定。电力电子设备或者变流设备的电磁兼容性应当符合国家标准、规范要求。电气设备不应超过额定值运行。

(3) 严禁井下配电变压器中性点直接接地。严禁由地面中性点直接接地的变压器或者发电机直接向井下供电。

(4) 防爆电气设备到矿验收时,应当检查产品合格证、煤矿矿用产品安全标志,并核查与安全标志审核的一致性。入井前,应当进行防爆检查,签发合格证后方准入井。

(5) 非专职人员或者非值班电气人员不得操作电气设备;操作高压电气设备主回路时,操作人员必须戴绝缘手套,并穿电工绝缘靴或者站在绝缘台上;手持式电气设备的操作手柄和工作中必须接触的部分，必须有良好的绝缘性。

(6) 井下配电系统同时存在两种或者两种以上电压时，配电设备上应当明显地标出其电压额定值。

(7) 矿井必须备有井上、井下配电系统图，井下电气设备布置示意图和供电线路平面敷设示意图，并随着情况变化定期填绘。

(8) 不准带电检修、搬迁电气设备、电缆和电线；不准甩掉无压释放器、过电流保护装置；不准甩掉漏电继电器、煤电钻综合保护和局部通风机风电、瓦斯电闭锁装置；不准明火操作、明火打点、明火爆破；不准用铜丝、铝丝、铁丝等代替保险丝；停风、停电的采掘工作面，未经检查瓦斯，不准送电；有故障的供电线路，不准强行送电；电气设备的保护装置失灵后，不准送电；失爆设备、失爆电器不准使用；不准在井下拆卸和敲打矿灯。

(9) 煤矿井下电气管理还必须做到“三无”(无鸡爪子，无羊尾巴，无明接头)、“四有”(有过电流和漏电保护装置，有螺钉和弹簧垫圈，有密封圈和挡板，有接地装置)、“两齐”(电缆悬挂整齐，设备硐室清洁整齐)、“三全”(防护装置全，绝缘用具全，图纸资料全)、“三坚持”(坚持使用检漏继电器，坚持使用煤电钻、照明和信号综合保护，坚持使用瓦斯电和风电闭锁)。

(10) 对局部通风机供电要实现“三专两闭锁”配置双机双电源。

第五节　电气事故的致因与预防

电气事故包括人身事故和设备事故。人身事故和设备事故都可能导致二次事故，而且二者很可能同时发生。电气事故是与电能相关联的事故。电能失去控制将造成电气事故。按照电能的不同形态，电气事故分为触电事故、雷击事故、静电事故、电磁辐射事故和电路事故等。

一、电气事故

（一）触电事故

触电事故是由电流形态的能量造成的事故。触电事故分为电击和电伤。电击是电流直接通过人体造成的伤害。电伤是电流转换成热能、机械能等其他形态的能量作用于人体造成的伤害。

（二）电气火灾爆炸事故

电气火灾爆炸事故是源自电气引燃源（电火花和电弧，电气装置危险温度）的能量所引发的火灾爆炸事故。

（三）雷击事故

雷击事故是由自然界正、负电荷形态的能量，在强烈放电时造成的事故。

（四）静电事故

静电事故是由在工艺过程中或人们的活动中产生的，相对静止的正电荷和负电荷形态的电能造成的事故。

（五）电磁辐射事故

电磁辐射事故是由电磁波形态的能量造成的事故。辐射电磁波指频率 100 kHz 以上的电磁波。除无线电设备外，高频金属加热设备（如高频淬火设备、高频焊接设备）及高频介质加热设备（如高频热合机、绝缘物料干燥设备）也是有辐射危险的设备。

（六）电路事故

电路事故是由电能传递、分配、转换等失去控制或电气元件损坏等电路故障发展所造成的事故。断线、短路、接地、漏电、突然停电、误合闸送电、电气设备损坏等都属于电路故障。电路故障得不到控制即可发展成为事故。

二、触电事故要素

（一）触电事故种类

触电事故分为电击和电伤。按照发生电击时电气设备的不同状态，电击可分为直接接触电击和间接接触电击。按照人体触及带电体的不同方式和电流流过人体的不同途径，电击可分为单线电击、两线电击和跨步电压电击。按照电流转换成作用于人体的能量的不同形式，电伤可分为电弧烧伤、电流灼伤、皮肤金属化、电烙印、电气机械性伤害、电光眼等。

（二）电流对人体的作用

电流对人体的作用事先没有任何预兆，伤害往往发生在瞬息之间，而且，人体一旦遭到电击，防卫能力则迅速降低。

小电流对人体的作用主要表现为生物学效应，给人以不同程度的刺激，使人体组织发生变异。电流对机体除直接起作用外，还可能通过中枢神经系统发生作用。因此，当人体触及带电体时，一些没有电流通过的部位也会发生强烈反应，甚至重要器官的正常工作也会受到影响。

电流通过人体，会引起麻感、针刺感、打击感、痉挛、疼痛、呼吸困难、血压异常、昏迷、心律不齐、窒息、心室纤维性颤动等症状。

电流通过人体内部对人体伤害的严重程度，与通过人体电流的大小、电流通过人体的持续时间、电流通过人体的途径、电流的种类以及人体状况等多种因素有关。各影响因素之间，特别是电流大小与通电时间之间有着十分密切的关系。

（三）造成人身触电的主要原因

为防止触电事故，必须认真进行触电事故调查工作，找出触电事故发生的规律。对于每一触电事故，包括未遂事故在内，均应仔细调查。调查工作应在事故发生后立即进行，事故报告未填写完毕以前，应保护事故现场，除移走受害人之外，不得做任何变动。应及时记录发生事故的时间、地点、设备情况、生产环境，周围空间和地面等关联情况也应记录清楚，特别是事故发生的详细经过，包括触电人在触电前、触电时、触电后的情况，触电部位，伤势和救护过程等，均应记录清楚。

（四）预防人身触电的措施

预防人身触电的措施包括：① 避免人身接触低压带电体；② 避免人身接近高压带电体；③ 对人员易接触的电气设备尽量采用较低电压，远距离控制电压使用 36 V 等；④ 井下变压器中性点不接地系统，设置漏电保护、保护接地等安全用电技术，防止人身触电；⑤ 严格遵守各项安全用电制度和《煤矿安全规程》的相关规定。

三、触电防护

（一）绝缘、屏护和间距

绝缘是用绝缘物把带电体封闭起来。良好的绝缘是保证电气设备和线路正常运行的必要条件，也是防止触及带电体的安全保障。电气设备的绝缘应符合电压等级、环境条件和使用条件的要求。

屏护是采用护罩、护盖、栅栏、箱体、遮栏等将带电体同外界隔绝开来。屏护能防止无意识和有意识地触及或过分接近带电体的遮栏，不能防止有意识地移开或越过该障碍而触及或过分接近带电体的阻挡物。

间距是将可能触及的带电体置于可能触及的范围之外，其安全作用与屏护的安全作用基本相同。带电体与地面之间、带电体与树木之间、带电体与其他设施和设备之间、带电体与带电体之间，均需保持一定的安全距离。安全距离的大小决定于电压高低、设备类型、环境条件和安装方式等因素。架空线路的间距须考虑气温、风力、覆冰及环境条件的影响。

（二）矿井电网保护

完善的矿井电网保护系统是保证电气安全的重要措施，作为井下电网的三大保护——漏电保护、保护接地和过流保护在这方面发挥着重要的作用。

安全电压是指在一定条件下、一定时间内不危及生命安全的电压。根据欧姆定律，可以把加在人身上的电压限制在某一范围之内，使得在这种电压下，通过人体的电流不超过特定的允许范围，这一电压叫作安全电压，井下电压一般不超过 36 V。

漏电保护装置主要用于防止间接接触电击和直接接触电击。用于防止直接接触电击时，漏电保护装置只作为基本防护措施的补充保护措施。漏电保护装置也可用于防止漏电火灾，以及用于监测一相接地故障。井下常见的漏电故障分为集中性漏电和分散性漏电两种。集中性漏电是指电网的某一处因绝缘破损而导致的漏电，占井下漏电的 85%以上。分散性漏电是指因淋水、潮湿导致电网中某段线路或某些设备绝缘下降至危险值而形成的漏电。漏电将会导致人身触电，引起瓦斯、煤尘爆炸，提前引爆电雷管，引起电气火灾等事故。因此，《煤矿安全规程》第四百五十三条规定：井下低压馈电线上，必须装设检漏保护装置或者有选择性的漏电保护装置，保证自动切断漏电的馈电线路。每天必须对低压漏电保护进行 1 次跳闸试验。

过电流是指电气设备或电缆的实际工作电流超过其额定电流值，简称过流。过电流如不及时得到控制，不仅可能烧坏电气设备，还可能引起电气火灾及瓦斯、煤尘爆炸事故。煤矿井下常见的过电流故障有短路、过负荷、断相三种。

正常情况下，一些电气设备的金属外壳是不带电的。但由于绝缘遭到破坏或老化失效而导致外壳带电时，人触及外壳就会触电。接地与接零技术就是防止这类事故发生的有效保护措施。接地保护和接零保护都是防止间接接触电击的基本技术措施。这两种技术措施还与低压系统的防火性能有关。

IT 系统即保护接地系统，适用于各种不接地配电网。在这类配电网中，凡由于绝缘损坏或其他原因而可能呈现危险电压的金属部位，除另有规定外，均应接地。如图 4-2 所示。

由于井下电气设备比较分散，而且供电距离又较远，很难用一

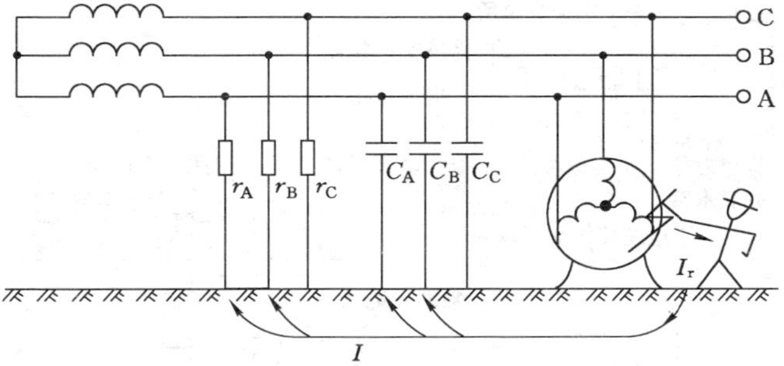

(a) 无保护接地时人体触电示意图

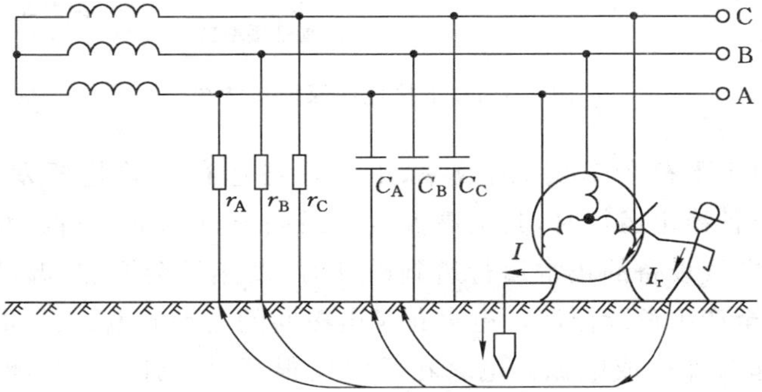

(b) 有保护接地时人体触电示意图

图 4-2　IT 接地系统示意图

个集中的接地装置(局部接地极)来满足保护接地的规定要求。因此,为了提高保护接地的安全性和可靠性,所有电气设备的保护接地装置(包括电缆的铠装、铅皮、接地芯线)和局部接地装置,都应与主接地极连接成一个总接地网。如图 4-3 所示。

四、电气防火防爆

(一) 电气引燃源

电气引燃源包括电气装置的危险温度以及发生在可燃物上的电火花和电弧。

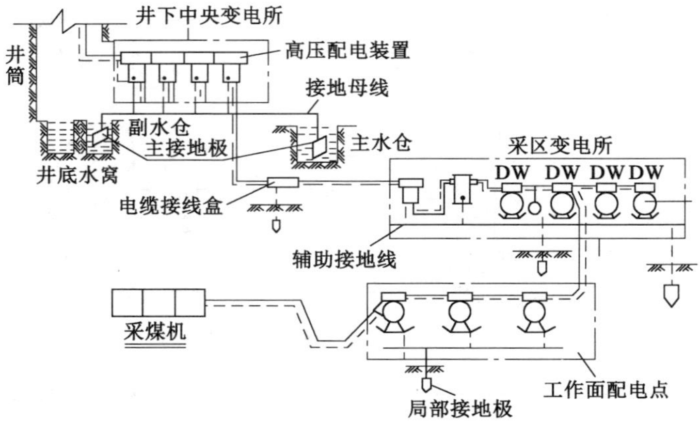

图 4-3　井下接地网保护示意图

由于不存在 100%的效率，电气设备运行时总是要发热的。电气设备稳定运行时，其最高温度和最高温升都不会超过允许范围；当电气设备的正常运行遭到破坏时，发热量会增加，温度会升高，甚至产生危险温度。电火花是电极间的击穿放电；大量电火花汇集起来即构成电弧。电火花的温度很高，特别是电弧，温度高达 8 000 ℃。因此，电火花和电弧不仅能引起可燃物燃烧，还能使金属熔化、飞溅，构成二次引燃源。

（二）危险物质和爆炸危险环境

爆炸性物质、可燃气体、可燃液体、自燃物质、遇水燃烧物质、氧化剂等属于有火灾和爆炸危险的物质。危险物质指在大气条件下能与空气形成爆炸性混合物的气体、蒸气、薄雾、粉尘、纤维。所谓爆炸性混合物就是一经点燃，其燃烧就能在整个范围内传播的混合物。这种能与空气形成爆炸性混合物的爆炸危险物质分为三类：Ⅰ类是矿井甲烷；Ⅱ类是爆炸性气体、蒸气、薄雾；Ⅲ类是爆炸性粉尘、纤维。为了正确选用电气设备和电气线路，必须正确划分所在环境危险区域的大小和级别。

（三）防爆电气设备和防爆电气线路

爆炸危险环境使用的电气设备和电气线路，应当不会在使用中产生能构成引燃源的火花、电弧或危险温度。

煤矿井下常用的电气设备根据其结构特点和使用环境不同的要求，可分为矿用一般型电气设备和防爆型电气设备两大类。矿用防爆型电气设备是专供煤矿井下使用的防爆电气设备。防爆标志由设备类型、级别、组别和防爆设备的总标志“Ex”组成。在防爆电气设备外壳明显处均有清晰的永久性凸纹标志“Ex”和煤矿矿用产品安全标志“MA”。如矿用隔爆型电气设备的防爆标志为“ExdⅠ”。

为了适应不同的生产环境和爆炸性环境，国家制定了不同类型的防爆电气设备的设计制造标准，矿用防爆电气设备共分为10种防爆类型（形式），如隔爆型、本质安全型、增安型、正压外壳型、充油型、充砂型、浇封型、气密型、特殊型等。

（四）电气设备事故

电气设备事故及其危害设备事故主要指电气设备因过电流、过电压、绝缘损坏与老化和其他原因所产生的漏电、电弧、电火花和危险温度引起的设备损坏，甚至引起瓦斯、煤尘爆炸等严重继发性事故。电火花是导致瓦斯事故的主要因素之一。

（五）煤矿矿用产品安全标志与安全警示标志

煤矿矿用产品执行安全标志管理制度，是对涉及煤矿安全生产及职工作业安全与健康的产品所采取的强制性的安全管理制度。这一制度的实施，有效地防止了假冒、伪劣及对煤矿安全生产带来巨大隐患的产品进入煤矿作业场所，大大减少了由于设备、材料、仪器、仪表所引发的事故，对煤矿的安全生产起到了十分重要的作用。对执行安全标志管理的产品，生产厂家必须在取得安全标志证书后，才能从事该产品的生产、销售和使用安全标志。各有关矿山企业严禁采购和使用无安全标志的产品，凡因使用无安全标志产品而造成重大事故的，要依法追究有关责任者和使用者的责任。

安全警示标志生产经营作业中需要有一定的场所、设施和设备，其中往往存在一些危险因素，并且容易被忽视。为了加强作业现场的安全管理，有必要制作和设置用图形、符号、文字和色彩来表示安全警示的标志。在有危险因素的生产经营场所和有关设施、设备上设置安全警示标志，可以及时提醒从业人员注意危险，防止从业人员发生事故。这是煤矿企业安全管理的传统做法，也是无声管理的重要手段，对煤矿安全生产管理具有重要而特别的作用。安全警示标志必须明显，其作用是警示、提醒从业人员注意危险，防止事故发生，但它不能代替安全操作规程和防护措施。如果安全警示标志不明显、随意设置，也起不到警示的作用。安全警示标志具体设置地点，可由生产经营单位根据本单位危险因素的具体情况确定。另外，对于安全警示的设置，包括颜色等，国家都有严格的规定，有国家标准或者行业标准，生产经营单位在设置标志时，必须严格执行这些规定。

五、雷击和静电防护技术

（一）防雷

带电积云是构成雷电的基本条件。当带不同电荷的积云互相接近到一定程度，或带电积云与大地凸出物接近到一定程度时，会发生强烈的放电，同时发出耀眼的闪光，即为闪电；由于放电时温度高达 20 000 ℃，空气受热急剧膨胀，发出爆炸的轰鸣声，即为雷鸣。

雷电有电性质、热性质、机械性质等多方面的破坏作用。雷电会引起火灾和爆炸、触电、设备和设施毁坏、大规模停电等危害。建筑物按其火灾和爆炸的危险性、人身伤亡的危险性、政治经济价值，可分为第一类防雷建筑物、第二类防雷建筑物和第三类防雷建筑物。

防雷装置包括外部防雷装置和内部防雷装置。外部防雷装置由接闪器、引下线和接地装置组成;内部防雷装置主要指防雷等电位连接及防雷间距。

避雷针、避雷线、避雷网、避雷带都是经常采用的防雷装置。严格地说,针、线、网、带都只是直击雷防护装置的接闪器。

接闪器所用材料应能满足力学强度和耐腐蚀的要求,还应有足够的热稳定性。

(二)静电防护

工艺过程中产生的静电可能引起爆炸和火灾,也可能给人以电击,还可能妨碍生产。其中,爆炸和火灾是危险性和危害性最大的。

静电能量虽然不大,但因其电压很高而容易发生放电。如果所在场所有易燃物质,又有由易燃物质形成的爆炸性混合物,包括爆炸性气体和蒸气,以及爆炸性粉尘等,即可能由静电火花引起爆炸或火灾。

带静电的人体接近接地导体或其他导体时,以及接地的人体接近带电的物体时,均可能发生火花放电,导致爆炸或火灾。

静电电击是静电放电造成的瞬间冲击性的电击。由于生产工艺过程中积累的静电能量不大,静电电击不会使人致命。但是,不能排除由静电电击导致严重后果的可能性。生产过程中产生的静电可能妨碍生产或降低产品质量。

静电最为严重的危险是引起爆炸和火灾,因此,静电安全防护主要是对爆炸和火灾的防护。防护措施主要包括环境危险程度控制、工艺控制、接地、增湿、抗静电添加剂、静电消除器等,这些措施对于防止静电电击和防止静电影响生产也是有效的。

六、电气线路

电气线路分为电力线路和控制线路,前者用来输送电能,后者用来输送信号。

（一）电力线路的类型和特点

架空线路主要由导线、杆塔、横担、绝缘子、金具、基础及拉线组成。

架空线路的导线多采用钢芯铝绞线、硬铜绞线、硬铝绞线和铝合金绞线。由于铝导线易受碱性和酸性物质的侵蚀，腐蚀性强烈的环境应采用铜导线。厂区、居民区内的低压架空线路应采用绝缘导线。单股铝线或单股铝合金线不得架空敷设。

架空线路的优点是造价低、机动性强、便于施工和检修。架空线路的缺点是妨碍城市建设；易受空气中杂物的污染；可能碰撞或过分接近树木及其他高大设施或物件，从而导致触电、短路等事故。

电缆线路主要由电力电缆、终端接头、中间接头及支撑件组成。

电力电缆主要由导电芯线、绝缘层和保护层组成。芯线分铜芯和铝芯两种。绝缘层分塑料绝缘、橡皮绝缘、浸渍纸绝缘等几种。保护层分内护层和外护层。内护层分铅包、铝包、聚氯乙烯护套、交联聚乙烯护套、橡胶套等多种。外护层包括黄麻衬垫、钢铠、防腐层等。

（二）矿用电缆

矿用电缆是煤矿井下供电系统重要的组成部分之一，也是井下供电系统最薄弱的环节。合理选择、敷设、连接和管理、使用好电缆，直接关系到井下供电系统的安全运行。

矿用电缆从构造上可分为铠装电缆、橡套电缆和塑料电缆；从电压等级上可分为高压电缆、低压电缆和千伏级电缆；从用途角度上分为动力电缆、控制电缆和通信电缆等；从芯线材料上又可分为铜芯电缆和铝芯电缆。

第六节 煤矿智能化建设

一、煤矿智能化概述

目前，我国正处于社会经济转型升级和结构调整的关键时期，在新兴网络技术和传统工业深度融合的新形势下，各个行业正迎来产业的巨大变革，以智能化技术与传统成套装备的融合实现产业升级正成为越来越重要的发展趋势。21 世纪以来，我国安全高效高端综采技术与装备研发突飞猛进，取得大批重要成果，推动煤炭行业机械化、自动化程度大幅提升，安全保障程度大幅提高，许多重点矿区连续实现亿吨无死亡。随着我国经济发展方式的转变，煤炭行业也由粗放的生产方式向集约化、精细化方向转型，智能化开采成为煤炭安全高效开采的发展方向与必然趋势。国家能源技术革命创新行动计划、原国家安全生产监督管理总局"机械化换人、自动化减人"科技强安专项行动都将煤炭智能化开采技术列为重点研究方向。

2019 年，煤矿智能化开采技术及煤矿机器人研发应用被列入《产业结构调整指导目录》，智能化无人开采技术入围自然资源部发布的《矿产资源节约和综合利用先进适用技术目录(2019 年版)》。2020 年国家发展改革委、国家能源局、应急部、国家煤矿安监局、工业和信息化部、财政部、科技部、教育部等八部委联合印发了《关于加快煤矿智能化发展的指导意见》，对煤矿智能化建设目标、标准、形式、途径、人才、制度等多方面进行了明确。2020 年 9 月 22 日，国家主席习近平在第 75 届联合国大会上提出我国将提高国家自主贡献力度，采取更加有力的政策和措施，二氧化碳排放力争于 2030 年前达到峰值，努力争取 2060 年前实现碳中和。这些对于我们积极探索以人工智能技术与现代煤炭开发利用深度融合为主线，实现矿井安全、绿色、低碳、高效、智能的高质量发展模式，具有重要指导意义。

二、国内外综采智能化现状

国外从20世纪90年代开始研究智能采矿技术，芬兰、瑞典、澳大利亚等都提出了自己的技术方案，主要是以工业自动化技术为基础实现煤机装备的程序控制、远程可视化监控、装备状态监测等功能。2000年之后，计算机及互联网技术快速发展，澳大利亚联邦科学与工业研究组织、美国久益集团、德国艾柯夫公司等都推出了自动化和智能化开采技术与装备，美国和澳大利亚在开采条件好的中厚煤层实现了长工作面高速截割、高速运输、高度自动化采煤。如图4-4所示。

图4-4　国外综采智能化

我国智能化开采技术起步较晚，2007年才实现电液控制系统的国产化。但相关技术研究发展迅速，在国家高技术研究发展计划(863计划)、国家重点基础研究发展计划(973计划)及智能制造专项的支持下，以中国煤炭科工集团为代表的多家煤炭集团、综采自动化及机械厂商(上海天地科技、天地玛珂、山西科达、四川航天电液控制、平阳广日、三一重装等)、高校(中国矿业大学、太原理工大学等)等开展了自动化无人开采技术的研发工作。神华宁煤、中煤、陕煤、同煤、阳煤、平煤、晋煤、峰峰、新集口孜东等几十个矿区也都进行过探索与尝试。天地科技股份有限公司等单位先后研发了采掘装备远程遥控、自动化放煤、直线度控制、采煤机自动调高等技术，在实现单机装备智能化的基础上，实现了工作面“三机”

（采煤机、刮板输送机、液压支架）的协调联动控制、可视化远程干预控制，建设了黄陵一矿等智能化开采示范项目。如图 4-5 所示。

1.5 m较薄煤层年产300万t智能开采模式

3～4 m中厚煤层年产千万吨智能开采模式

8 m超大采高智能化开采模式

7 m大采高及超大采高放顶煤开采模式

图 4-5　国内综采智能化

按照煤矿安全专项整治三年行动实施方案，2022 年力争采掘智能化工作面达到 1 000 个以上，有智能化的矿井产能达到 10 亿～15 亿吨，建成一批 100 人以下少人智能化矿井。2020 年 11 月 25 日，国家能源局、原国家煤监局印发通知，确定 71 处煤矿为国家首批智能化示范建设煤矿。当前，已经选择不同类型、不同地区的煤矿探索试验智能化示范工程，例如华东矿区的深井开采煤矿、晋陕内蒙古矿区的千万吨级煤矿、中原矿区的高瓦斯煤矿、西南矿区的中小煤矿，组成若干团队定点、有针对性地提供全过程技术指导和帮助，从探索实践中积累经验、汇集技术，形成煤矿智能化建设的中国模式。近 10 年来，我国煤矿智能化装备技术快速发展，已由过去落后于国外水平，发展到当今处于整体技术并行、局部技术超越的局面，国产的采煤机、液压支架、运输装备、安全监控系统、巡检机器人等已有较好的智能化内涵。国内的综采自动化、智能化技术已趋于成熟，已有多个矿井实现了自动化采煤，智能化工作面多网合一、透明工作面技术、智能图像识别、工作面三维可视化技术、智能化工作面＋互联网等最新技术，已取得初步效果。

三、智能化建设原则与目标

智能化开采是在自动化系统中加入自主决策功能，使其能够实时感知围岩条件及外部环境的变化并自动调整开采参数，智能感知、智能决策和智能控制是智能化开采的三要素。智能化开采的特点是设备具有自主学习和自主决策功能，具备自感知、自控制、自修正的能力，进而实现自适应开采。其中，自感知是进行必要的信息获取，为自控制提供依据；自控制是通过收集和分析实时运行数据，自主决策控制方案；自修正是在控制装备运行过程中，不断学习、修改和完善控制参数，以实时响应环境变化。智能化开采目前还处于初级阶段，正进入技术创新发展的关键阶段，需要对工作面采高、支护系统与围岩智能耦合群组自适应控制、工作面直线度智能导航、系统多信息融合协同、超前支护及辅助作业的智能化等技术进行攻关研发，通过解决综合机械化设备的环境参数自主感知实现开采行为的自主调控，进而实现智能化开采技术升级。

（一）建设原则

（1）分类建设，分级达标。针对我国煤矿智能化建设基础与生产条件复杂多样、发展不平衡不充分等现状，坚持分类建设和分级达标相结合，建立健全智能化煤矿建设、评价、验收与奖惩机制，全面推进煤矿智能化建设。

（2）因矿施策，培育典型。创新智能化煤矿建设与管理模式，重点突破适用于不同条件的智能化技术与装备，培育建设一批智能化示范煤矿，形成可复制、可推广的建设模式和经验，发挥智能化示范煤矿的带动作用。

(3) 系统规划，全面推进。加强煤矿智能化顶层设计，科学制定实施煤矿智能化建设与升级改造方案，加大煤矿智能化技术资金投入、人才投入和政策支持力度，提升煤矿智能化技术装备的成熟度与可靠性，全面提升煤矿智能化水平。

(4) 以人为本，安全高效。坚持把煤矿减人、增安、提效和提高职工的幸福感与获得感作为智能化煤矿建设的根本目标，通过实施新一代信息技术提高煤矿智能化水平，促进煤矿安全、质量、效率与效益的稳步提升。

(二) 建设目标

按照《关于加快煤矿智能化发展的指导意见》提出的三阶段目标，到2021年，建成多种类型不同模式的智能化示范煤矿；到2025年，大型煤矿和灾害严重煤矿基本实现智能化；到2035年各类煤矿全部实现智能化。重点突破智能化煤矿综合管控平台、智能综采(放)、智能快速掘进、智能主辅运输、智能安全监控、智能选煤厂、智能机器人等系列关键技术与装备，形成智能化煤矿设计、建设、评价、验收等系列技术规范与标准体系，建成一批多种类型、不同模式的智能化煤矿，提升煤矿安全水平。

对于晋陕蒙等大型煤炭基地的生产煤矿，应全面进行智能化升级改造，重点提高采煤工作面智能化水平、掘进工作面减人提效和远程控制、智能安全生产水平，井下水泵房、变电所等固定岗位全部实现无人值守作业，形成基于综合管控平台的智能一体化管控；对于中东部矿区等建设基础较薄弱的生产煤矿，重点进行基础信息系统、机械化+智能化的采掘系统、重大安全隐患的智能预警系统、智能安全监测系统等建设，实现减人、增安、提效；对于云贵基地的煤矿，应尽快实施智能化改造，重点进行危险、繁重岗位机器人替代，提升矿井本质安全水平。新建煤矿应先行开展煤矿智能化顶层设计，采用先进生产工艺、技术与装备，全面建设信息基础设施、智能化生产系统、智能化综合管控平台等，形成完整的智能化煤矿安全高效运维体系。

四、保障措施

（一）组织保障

发挥煤矿智能化建设工作专班在智能化煤矿建设中的组织、协调、督促指导作用，统筹推进全国智能化煤矿规范有序建设。煤炭生产企业应成立智能化专职机构，强化“一把手”工程，鼓励煤矿企业一把手担任专职机构负责人，确保煤矿智能化建设各项工作有序推进。建立完善的决策咨询机制，通过内部遴选和外聘相关领域技术、管理专家，加强对智能化煤矿建设的咨询指导。

（二）制度保障

加快推进智能化煤矿技术规范与标准体系建设，开展基础共性、关键核心标准的制修订工作，制定煤矿智能化建设、验收等相关技术规范与实施细则。推进管理理念、管理制度、运营模式的创新与应用，建立健全智能化煤矿设计、建设、运行管理制度和奖惩措施。建立智能化煤矿分类分级评价机制，地方煤炭行业管理部门和煤矿生产企业应定期开展智能化煤矿建设效果评估等工作。根据煤矿智能化发展水平与建设情况，及时修改安全管理、监管的相关法规。

（三）技术保障

鼓励和支持煤炭企业与相关高校、科研院所等协同合作，加强智能化煤矿核心技术与成套装备的研发应用，遴选推广一批先进适用的重大技术装备成果，持续提升各类技术装备和应用平台间的集成性、交互性、兼容性，消除技术壁垒，整体推进煤矿智能化建设与迭代升级。加强共性关键技术领域的高质量、高价值专利培育和保护，做好知识产权布局和申请。鼓励创新专业化运维服务模式，建立健全智能化煤矿运维保障体系。

（四）资金保障

煤炭企业应落实智能化煤矿建设的主体责任，以提质增效、减人强安为目标，加大资金投入，重点实施智能化技术与装备研发、技术改造、工程建设等项目，提高资金产出效益。鼓励地方有关部门研究制定相关扶持政策，将煤矿相关智能化改造纳入煤矿安全技术改造范围，探索研究将相关投入列入安全费用使用范围；引导金融机构加大对智能化煤矿的支持力度，支持企业发起设立相关市场化基金，形成支持煤矿智能化发展的投入长效机制。

（五）人才保障

培育壮大煤矿智能化人才队伍，鼓励高校和煤炭企业合作创新人才培养模式，拓展产—学—研—用人才路线，共建示范性实习实践基地，培养煤矿智能化相关专业高技能人才。加大煤矿智能化培训力度，开展在职人员智能化和信息化培训，建立健全煤矿智能化相关技术人员职业发展通道，优化知识型、技能型、管理型人才发展体系。

煤炭智能化开采是煤炭工业技术革命、产业转型升级的重要内容，近年来已成为煤炭开采技术发展的热点，得到国家的高度重视，启动了多项研发计划，但是其支持力度和有效性仍有待提高。目前，很多企业已经在中厚及较薄煤层智能化开采示范工程中取得显著效果，对推动智能化开采起到了积极示范作用。但是智能化开采技术中的许多问题还没有根本解决，已取得进展的一些成果也并未得到有效的持续利用，概念性的宣传多，实质性的应用差，特别是对各种复杂开采条件的适应性和系统的可靠性是制约智能化开采发展的主要因素。智能化开采更需要改变传统的管理理念，建立规范的管理体系，提高队伍素质。加大在智能化开采技术装备研发方面的投入，全面推进智能化开采，是实现煤矿减人提效目标的必由之路。

第五章　矿井运输系统

矿井生产需要将劳动工具、机械设备、支护材料、电气设备、爆破材料以及施工人员等，由地面运往井下；也需要将井下开采出的煤炭、矸石送往地面，将维修的设备、支护材料和施工后的人员运出矿井。这些运进、运出的工作，称为矿井运输。

矿井运输是煤矿企业内部的运输，是煤矿生产中必不可少的重要生产环节，是煤矿生产系统的大动脉，在煤矿生产的过程中，每一步都离不开运输工作。矿井运输系统包括主运输和辅助运输。

第一节　主运输系统

一、系统简介

矿井主运输是指井下生产的矿石和废石运输，严格地讲是指煤炭从回采下来之后，一直到地面的运输全过程。主运输过程包括：工作面采下的煤→运输巷→盘区运输巷→主要运输巷→主斜（立）井、主平硐→主煤仓，如图 5-1 所示。

二、运输设备及其安全要求

结合主运输过程，在煤矿井下的主运输设备由内向外分别有：刮板输送机、桥式转载机、带式输送机。对于榆林地区个别立井提升的矿井，除上述设备之外，还有主井提升系统。

（一）刮板输送机

刮板输送机是采煤工作面唯一的运输设备，还常用于采（盘）区巷道和掘进工作面。它可以沿水平巷道运输，也可以沿倾斜巷

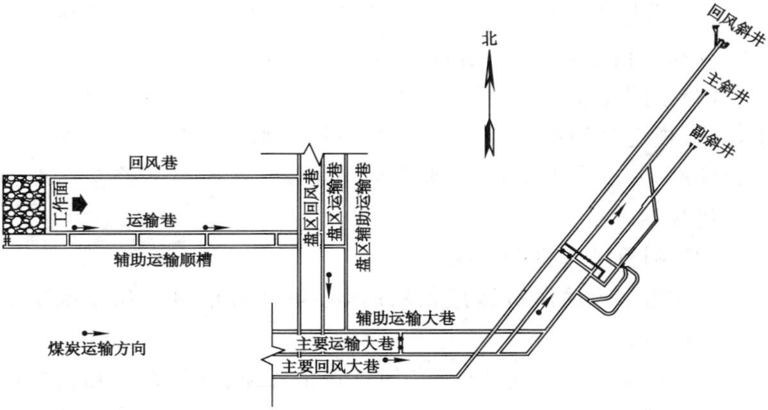

图 5-1　矿井主运输系统

道运输。现在国内生产的刮板输送机几乎都为可弯曲刮板输送机，以适应普通机械化与综合机械化采煤的需要。

按链条数目及布置方式不同，刮板输送机可分为单链刮板输送机、双边链刮板输送机、中双链刮板输送机和三链刮板输送机。目前，较常用的是中双链可弯曲刮板输送机，如图 5-2 所示。

图 5-2　中双链可弯曲刮板输送机

使用刮板输送机运输时，应符合以下安全要求。

(1) 采煤工作面刮板输送机必须安设能发出停止、启动信号的装置和通信装置,发出信号点的间距不得超过15 m。

(2) 刮板输送机使用的液力耦合器,必须按所传递的功率大小,注入规定量的难燃液,并经常检查有无漏失。易熔合金塞必须符合标准,并设专人检查、清除塞内污物,严禁使用不符合标准的物品代替。

(3) 刮板输送机严禁乘人。

(4) 用刮板输送机运送物料时,必须有防止顶人和顶倒支架的安全措施。

(5) 移动刮板输送机时,必须有防止冒顶、顶伤人员和损坏设备的安全措施。

(6) 严禁用刮板输送机运输爆炸物品。

(7) 行人通过的刮板输送机机尾应设盖板。

(8) 刮板输送机的减速器与电动机应采用软连接或软启动控制,液力耦合器不使用可燃性传动介质(调速型液力耦合器不受此限)。

(9) 刮板输送机电气保护齐全、可靠;电机采用水冷方式时,水量、水压符合要求。

(二) 桥式转载机

桥式转载机是指机械化采煤过程中普遍采用的一种中间转载运输设备,通常安装在采煤工作面的运输平巷。桥式转载机的作用是将采煤工作面刮板输送机运出的煤炭,转载到平巷的可伸缩带式输送机上。转载机实际上是一种较短的、可以纵向整体移动的重型刮板输送机,其便于随着工作面的推进而整体移动,同时还可以减少可伸缩带式输送机的拆装次数,并将煤炭提高到带式输送机的装载高度。如图5-3所示。

使用桥式转载机运输时,应符合以下安全要求。

(1) 转载机电气保护齐全、可靠,电机采用水冷方式时;水量、

图 5-3　桥式转载机

水压符合要求。

（2）转载机运行时，严禁在非行人侧行走或者作业。

（3）转载机运行中，应防止煤流涌向机头而烧毁电动机。

（4）严禁转载机运送材料或工具。

（5）转载机的转动部位应装设防护罩。

（6）转载机运行时，禁止人员跨越。

（三）带式输送机

带式输送机是指以输送带兼作牵引机构和承载机构的连续运输机械。由于带式输送机运输能力大、运距长、工作阻力小、耗电量小，而且运输过程中破碎性小、撒煤少，可减少煤尘、降低能耗，因而被广泛应用于煤矿井下的工作面平巷以及主要运输巷道中。

1. 带式输送机的种类

（1）通用固定式（普通型）带式输送机。它是煤矿最早使用的一种带式输送机，其特点是托辊安装在固定的机架上，机架固定在地基上，由于它不能适应采煤工作面经常移动、输送机需经常拆装的要求，因此目前只用于矿井地面选煤厂及井下主要运输巷道等到长期固定位置的运输地点。

（2）可拆式带式输送机。它又分为两种，一种是无螺栓连接机架的落地式，另一种是钢丝绳架吊挂式。钢丝绳架吊挂式带式输送机的拆装和调节更为方便，且不受巷道底板状况的影响，故在采区得到广泛应用；其主要特点是机身结构用两根纵向平行布置的钢丝绳作为机架，机身吊挂在巷道支架上，机身高度可以调节。

(3) 可伸缩式带式输送机。由于综合机械化采煤的迅速发展，工作面的推进速度越来越快，因此出现了与综采配套的运输设备——可伸缩式带式输送机。它的机身可以较为方便地伸缩变化，在结构上比普通带式输送机多一个储带卷带装置，可以储存一卷胶带，这是供平巷运输的专用设备。如图 5-4 所示。

图 5-4　可伸缩式带式输送机

2. 采用滚筒驱动带式输送机运输时应当遵守的规定

(1) 采用非金属聚合物制造的输送带、托辊和滚筒包胶材料等，其阻燃性能和抗静电性能必须符合有关标准的规定。

(2) 必须装设防打滑、跑偏、堆煤、撕裂等保护装置，同时应当装设温度、烟雾监测装置和自动洒水装置。

(3) 应当具备沿线急停闭锁功能。

(4) 主要运输巷道中使用的带式输送机，必须装设输送带张紧力下降保护装置。

(5) 倾斜井巷中使用的带式输送机，在上运时，必须装设防逆转装置和制动装置；在下运时，应当装设软制动装置，且必须装设防超速保护装置。

(6) 在大于 16°的倾斜井巷中使用带式输送机时，应当设置防护网，并采取防止物料下滑、滚落等安全措施。

（7）液力耦合器严禁使用可燃性传动介质（调速型液力耦合器不受此限）。

（8）机头、机尾及搭接处，应当有照明装置。

（9）机头、机尾、驱动滚筒和改向滚筒处，应当设防护栏及警示牌。行人跨越带式输送机处，应当设过桥。

（10）输送带设计安全系数，应当按下列规定选取：① 棉织物芯输送带，设计安全系数为 8～9。② 尼龙、聚酯织物芯输送带，设计安全系数为 10～12。③ 钢丝绳芯输送带，设计安全系数为 7～9。当带式输送机采取可控软启动、制动措施时，设计安全系数为 5～7。

3. 采用带式输送机运输时应当遵守的规定

（1）带式输送机运输物料的最大倾角，上行不得大于 16°，严寒地区不得大于 14°；下行不得大于 12°。特种带式输送机不受此限。

（2）带式输送机的运输能力应当与前置设备能力相匹配。

4. 带式输送机必须设置的安全保护

（1）拉绳开关和防跑偏、打滑、堵塞等保护装置。

（2）上运时，应当设制动器和逆止器；下运时，应当设软制动和防超速保护装置。

（3）机头、机尾、驱动滚筒和改向滚筒处应当设防护栏。

5. 带式输送机设置应当遵守的规定

（1）避开采空区和工程地质不良地段，特殊情况下必须采取安全措施。

（2）带式输送机栈桥应当设人行通道，坡度大于 5°的人行通道应当有防滑措施。

（3）跨越设备或者人行道时，必须设置防物料撒落的安全保护设施。

（4）除移置式带式输送机外，露天设置的带式输送机应当设防护设施。

(5) 在转载点和机头处应当设置消防设施。

(6) 带式输送机沿线应当设检修通道和防排水设施。

(四) 主提升设备

主提升设备是指运用于主立井,将井底煤仓的煤运至地面的设备。按提升容器不同,主提升设备可分为罐笼提升设备和箕斗提升设备。

1. 立井罐笼提升

立井罐笼缠绕式提升系统如图 5-5 所示。一个罐笼位于井底车场,另一个罐笼位于井口出车平台。提升钢丝绳,使其一端与罐

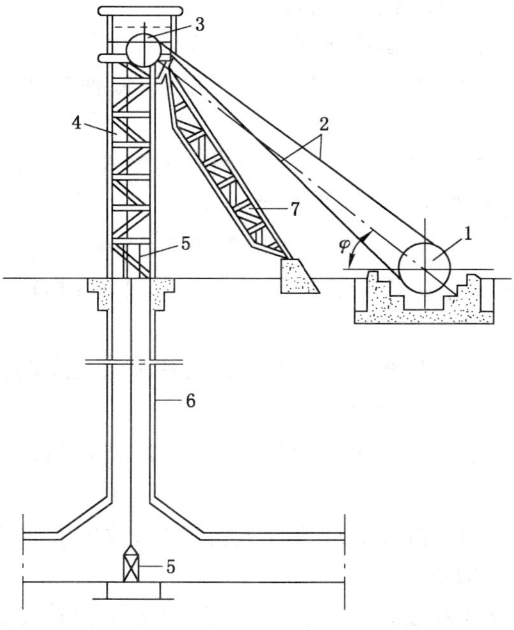

1—提升机滚筒;2—钢丝绳;3—天轮;4—井架;5—罐笼;6—井筒;7—井架斜撑。

图 5-5 立井罐笼缠绕式提升系统

笼相连;另一端绕过天轮,缠绕并固定在滚筒上。当提升机滚筒旋转时,缠绕在滚筒上的提升钢丝绳带动井下的罐笼上升,同时井上的罐笼下降,在井筒中做上下往复运行,从而完成提升任务。

2. 立井箕斗提升

立井箕斗缠绕式提升系统如图 5-6 所示。井底煤仓的煤炭通过装载设备装入位于井底的箕斗,同时位于井口的另一个箕斗通过卸载曲轨打开卸载装置,将煤炭卸入地面煤仓。提升钢丝绳,使其一端与箕斗连接;另一端绕过天轮,缠绕并固定在滚筒上。当提升机滚筒旋转时,缠绕在滚筒上的提升钢丝绳带动位于井底的箕斗上升,同时将位于井口的另一个箕斗下放,从而完成提升煤炭的任务。

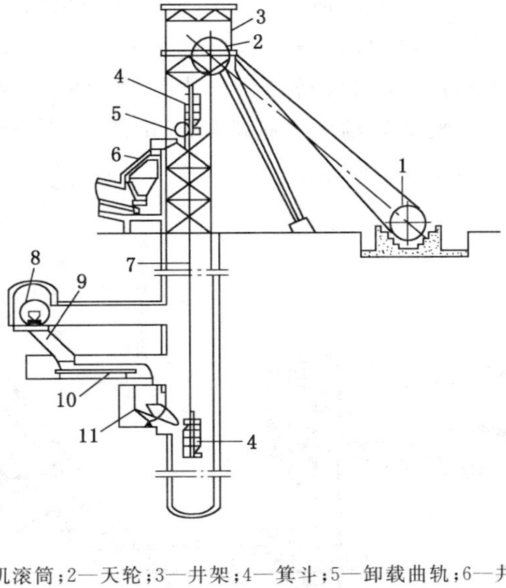

1—提升机滚筒;2—天轮;3—井架;4—箕斗;5—卸载曲轨;6—井口煤仓;
7—钢丝绳;8—井底车场卸载设备;9—井底煤仓;10—给煤机;11—卸载设备。

图 5-6 立井箕斗缠绕式提升系统

三、主运输系统常见的风险

主运输系统常见的风险有:煤仓存储的煤可能发生自燃,带式输送机在运输过程中产生的摩擦可能引发火灾等。

对从业人员来说,在穿越带式输送机的人行过桥时,有从过桥上滑跌、坠落的风险;在主运输巷道行走时,容易受到运输设备挤压、卷扎、碰撞的风险以及运输设备中因煤炭甩出而被砸伤的风险。

第二节　辅助运输系统

一、系统简介

矿井辅助运输系统泛指煤矿生产中除煤炭运输之外的各种运输的总和,主要包括材料、设备、人员和矸石等的运输。辅助运输中运出过程包括:工作面设备、材料、人员→辅助运输巷→盘区辅助运输巷→主要辅助运输巷→副斜(立)井、副平硐→地面;运入过程与之相反。如图 5-7 所示。

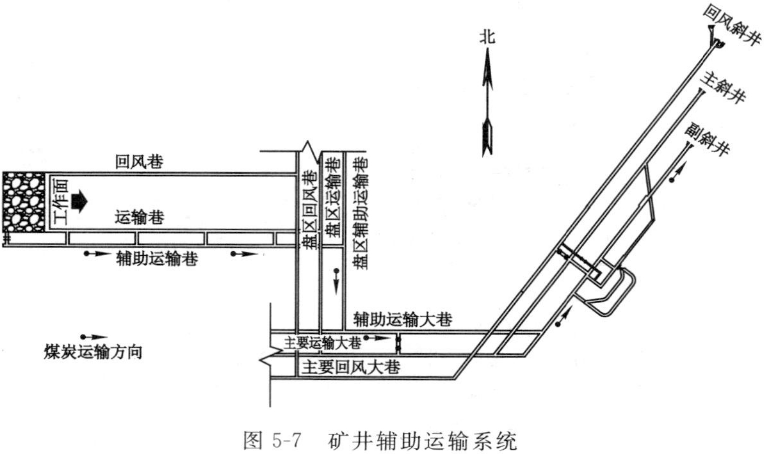

图 5-7　矿井辅助运输系统

二、运输设备及其安全要求

煤矿井下辅助运输可分为轨道辅助运输和无轨辅助运输两种。轨道辅助运输以铺设双轨或悬吊单轨为主要特征，以架线电力、防爆柴油机、蓄电池和钢丝绳为牵引动力；而无轨辅助运输则以胶轮或履带为行走机构，以防爆柴油机、蓄电池等为牵引动力。

采(盘)区巷道主要采用绞车、小型调度绞车、小型蓄电池机车等运输方式，这种方式被称为传统辅助运输。

按照动力源不同，辅助运输设备可以分为牵引式和自行式两大类。如图 5-8 所示。

榆林地区矿井地质条件优越，井下煤层赋存简单，煤层埋藏浅，运输条件好。因此，在煤矿井下主要的辅助运输设备有无轨胶轮车、单轨吊、架空乘人装置(猴车)、绞车等。

(一) 无轨胶轮车

作为榆林地区煤矿井下的主要辅助运输设备，无轨胶轮车具有运行速度快、运输能力大、运输成本低等特点，几乎承载了煤矿绝大多数的辅助运输任务。无轨胶轮车是一种以柴油机、蓄电池为动力，不需铺设轨道，使用胶轮在巷道里自由行驶的车辆。根据牵引动力不同，无轨胶轮车可分为防爆柴油机无轨胶轮车和防爆蓄电池无轨胶轮车两种。如图 5-9 所示。

采用无轨胶轮车运输时，应当遵守下列规定。

(1) 严禁非防爆、不完好无轨胶轮车下井运行。

(2) 驾驶员必须持有机动车驾驶证。

(3) 必须建立无轨胶轮车入井运行和检查制度。

(4) 必须设置工作制动、紧急制动和停车制动，工作制动必须采用湿式制动器。

(5) 必须设置车前照明灯和尾部红色信号灯，配备灭火器和警示牌。

(6) 无轨胶轮车运行中应当符合下列要求：① 运送人员必须

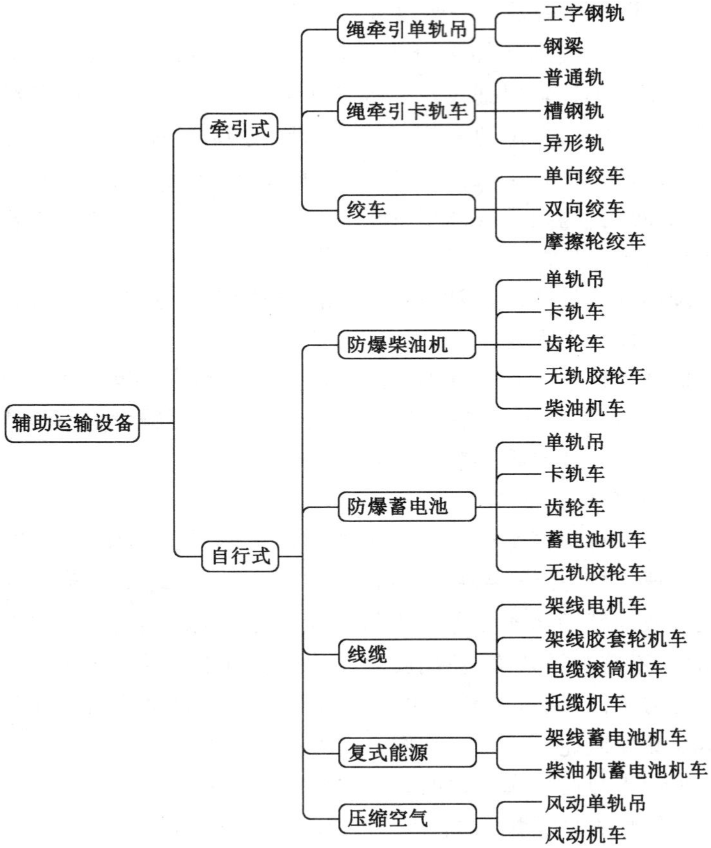

图 5-8　辅助运输设备分类

使用专用人车，严禁超员。② 运人时，运行速度不超过 25 km/h；运送物料时，运行速度不超过 40 km/h。③ 同向行驶车辆必须保持不小于 50 m 的安全运行距离。④ 严禁车辆空挡滑行。⑤ 应当设置随车通信系统或者车辆位置监测系统。⑥ 严禁进入专用回风巷和微风、无风区域。

图 5-9　煤矿无轨胶轮车

（7）巷道路面、坡度、质量，应当满足车辆安全运行要求。

（8）巷道和路面应当设置行车标识和交通管控信号。

（9）长坡段巷道内必须采取车辆失速安全措施。

（10）巷道转弯处应当设置防撞装置；人员躲避硐室、车辆躲避硐室附近应当设置标识。

（11）井下行驶特殊车辆或者运送超长、超宽物料时，必须制定安全措施。

（二）单轨吊

为了适应巷道底鼓较严重或底板条件差等情况，以及需满足一定爬坡能力要求时，采用单轨吊辅助运输。单轨吊车是用一条吊挂在巷道上空的特制工字钢作为轨道，由具有各种功能的吊挂车辆连成车组，用牵引设备牵引，沿轨道运行的系统。如图 5-10 所示。

1. 使用的单轨吊车应当符合的要求

（1）运行坡度、速度和载重，不得超过设计规定值。

（2）安全制动和停车制动装置必须为失效安全型，制动力应当为额定牵引力的 1.5～2 倍。

（3）必须设置既可手动又能自动的安全闸。安全闸应当具备下列性能：

① 绳牵引式运输设备运行速度超过额定速度的 30％时，其他设备运行速度超过额定速度的 15％时，能自动施闸；施闸时的空动时间不大于 0.7 s。

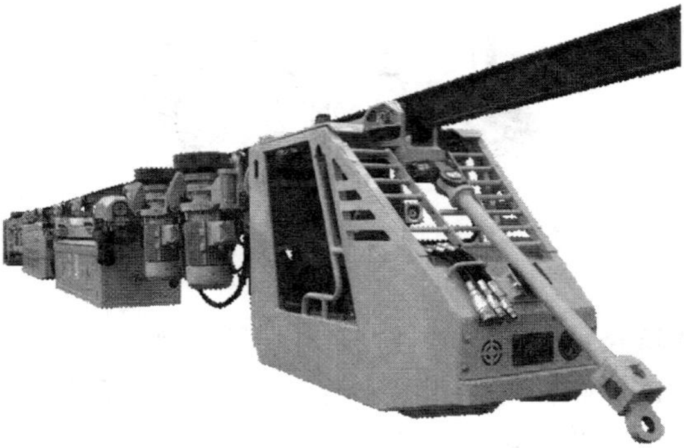

图 5-10　煤矿单轨吊车

② 在最大载荷和最大坡度上，以最大设计速度向下运行时，制动距离应当不超过相当于在这一速度下 6 s 的行程。

③ 在最小载荷和最大坡度上向上运行时，制动减速度不大于 $5\ m/s^2$。

(4) 胶套轮材料与钢轨的摩擦系数不得小于 0.4。

(5) 柴油机和蓄电池单轨吊车、齿轨车和胶套轮车的牵引机车或者头车上，必须设置车灯和喇叭，列车的尾部必须设置红灯。

(6) 柴油机和蓄电池单轨吊车，必须具备两路及以上相对独立回油的制动系统，必须设置超速保护装置。司机应当配备通信装置。

(7) 绳牵引单轨吊车还应当符合下列要求：

① 必须设置越位、超速、张紧力下降等保护装置。

② 必须设置司机与相关岗位工之间的信号联络装置；设有跟车工时，必须设置跟车工与牵引绞车司机联络用的信号和通信装置。在驱动部、各车场，应当设置行车报警和信号装置。

③ 运送人员时，必须设置卡轨或者护轨装置；采用具有制动功能的专用乘人装置时，必须设置跟车工。制动装置必须定期试验。

④ 运行时，绳道内严禁有人。

⑤ 车辆脱轨后复轨时，必须先释放牵引钢丝绳的弹性张力。人员严禁在脱轨车辆的前方或者后方工作。

2. 采用单轨吊车运输时应当遵守的规定

(1) 柴油机单轨吊车运行巷道坡度不大于25°，蓄电池单轨吊车运行巷道坡度不大于15°，钢丝绳单轨吊车运行巷道坡度不大于25°。

(2) 必须根据起吊重物的最大载荷设计起吊梁和吊挂轨道，其安装与铺设应当保证单轨吊车的安全运行。

(3) 单轨吊车运行中，应当设置跟车工。起吊或者下放设备、材料时，人员严禁在起吊梁两侧；机车过风门、道岔、弯道时，必须确认安全后，方可缓慢通过。

(4) 采用柴油机、蓄电池单轨吊车运送人员时，必须使用人车车厢；两端必须设置制动装置，两侧必须设置防护装置。

(5) 采用钢丝绳牵引单轨吊车运输时，严禁在巷道弯道内侧设置人行道。

(6) 单轨吊车的检修工作应当在平巷内进行。若必须在斜巷内处理故障时，应当制定安全措施。

(7) 有防止淋水侵蚀轨道的措施。

(三) 架空乘人装置

井下架空乘人装置俗称"猴车"，是通过移动的无极架空索道、牵引乘人吊椅运动，而实现运人的一种系统。

架空乘人装置分为固定吊椅型和活动吊椅型两种。活动吊椅架空人车的吊椅可取下，人员可在静止状态下上、下车。在上人地点，将活动吊椅挂在滑道上靠自重滑入钢丝绳，自动卡紧运行，至下人地点时活动吊椅可滑上滑道，自动脱离钢丝绳。活动吊椅架空人车的保护装置较传统固定吊椅架空人车更加完善，安全性更高。如图5-11所示。

图 5-11　架空乘人装置

1. 架空乘人装置的适用性

(1) 架空乘人装置适用于巷道倾角不大于 25°的斜巷或斜井，可缓解副井的提升压力，缩短人员上、下井时间。

(2) 用于井筒上、下人提升时，多用于主斜井采用带式输送机提升的矿井，一般布置在主斜井带式输送机一侧；也可作为大巷、水平联络斜巷及采区上、下山的运人设备。

(3) 适应巷道长度一般不大于 2 500 m。

(4) 可实现水平转弯，转弯半径最小为 4 m，转弯角度达 0°～120°。

2. 采用架空乘人装置运送人员时应当遵守的规定

(1) 有专项设计。

(2) 吊椅中心至巷道一侧突出部分的距离不得小于 0.7 m；双向同时运送人员时，钢丝绳间距不得小于 0.8 m；固定抱索器的钢丝绳间距不得小于 1.0 m；乘人吊椅距底板的高度不得小于 0.2 m，在上、下人站处不大于 0.5 m；乘坐间距不应小于牵引钢丝绳 5 s 的运行距离，且不得小于 6 m；除采用固定抱索器的架空乘人装置外，其他均应当设置乘人间距提示或者保护装置。

(3) 固定抱索器最大运行坡度不得超过 28°，可摘挂抱索器最大运行坡度不得超过 25°，运行速度应当满足表 5-1 的规定。运行速度超过 1.2 m/s 时，不得采用固定抱索器；运行速度超过 1.4 m/s 时，应当设置调速装置，并实现静止状态上、下人员，严禁在非乘人站上、下人员。

表 5-1　架空乘人装置运行速度规定

巷道坡度 θ/(°)	$28\geqslant\theta>25$	$25\geqslant\theta>20$	$20\geqslant\theta>14$	$\theta\leqslant14$
固定抱索器/($m\cdot s^{-1}$)	$\leqslant0.8$	$\leqslant1.2$		
可摘挂抱索器/($m\cdot s^{-1}$)	—	$\leqslant1.2$	$\leqslant1.4$	$\leqslant1.7$

(4) 驱动系统必须设置失效安全型工作制动装置和安全制动装置，安全制动装置必须设置在驱动轮上。

(5) 各乘人站设上、下人平台；乘人平台处，钢丝绳距巷道壁不小于 1 m；路面应当进行防滑处理。

(6) 架空乘人装置必须装设超速、打滑、全程急停、防脱绳、变坡点防掉绳、张紧力下降、越位等保护。安全保护装置发生保护动作后，需经人工复位，方可重新启动。

(7) 应当有断轴保护措施。

(8) 减速器应当设置油温检测装置，当油温异常时能发出报警信号。沿线应当设置延时启动声光预警信号。各上、下人地点应当设置信号通信装置。

(9) 倾斜巷道中，架空乘人装置与轨道提升系统同巷布置时，必须设置电气闭锁，两种设备不得同时运行。倾斜巷道中，架空乘人装置与带式输送机同巷布置时，必须采取可靠的隔离措施。

(10) 巷道应当设置照明装置。

(11) 每日至少对整个装置进行 1 次检查，每年至少对整个装置进行 1 次安全检测、检验。

(12) 严禁同时运送携带爆炸物品的人员。

(四) 绞车

绞车是煤矿中除提升机以外的辅助提升设备，常见的有提升绞车、调度绞车(正在逐步撤销)及牵引绞车。在井下综采工作面经常使用牵引绞车来实现设备的列车移动。如图 5-12 所示。

采用绞车牵引时，应当遵守下列规定。

图 5-12　绞车

（1）安装符合设计要求，固定、可靠。

（2）制动装置符合规定，齐全、可靠。

（3）钢丝绳安全系数、断丝面积、直径减小量、锈蚀程度以及滑头、保险绳插接长度符合《煤矿安全规程》规定。

（4）声光信号齐全、完好。

（5）滚筒钢丝绳排列整齐，绞车有钢丝绳伤人防护措施。

（6）严格执行“行车不行人，行人不行车”的规定。

三、辅助运输常见风险预知

辅助运输以无轨胶轮车为主。无轨胶轮车运输速度快、车型多，加之无轨胶轮车司机目前属于其他从业人员，流动性较大，因此，在煤矿井下的从业人员有受到车辆伤害的风险，包括撞击、挤压等。

四、辅助运输典型事故案例

（一）事故概况

2019 年 2 月 23 日 8 时 20 分许，西乌珠穆沁旗银漫矿业有限责任公司发生井下车辆伤害重大生产安全事故，造成 22 人死亡，28 人受伤。

（二）事故发生经过

2019 年 2 月 23 日 7 时许，温建西乌分公司当班工人在主斜井口派班室召开班前安全生产例会。7 时 30 分许，司机张赢在温建西乌分公司分管设备副总经理齐利民的安排下，驾驶事故车辆从维修车间出发运送当班工人入井作业。7 时 33 分许，事故车辆到达主斜井口的派班室等待工人上车；7 时 46 分许，待工人上车后，事故车辆驶离派班室，驶回维修车间；7 时 48 分许，事故车辆到达维修车间，于 7 时 52 分许搭载工人后驶向辅助斜坡道井口，途径主斜井口派班室附近时，有人员上下车；8 时 14 分许，事故车辆行驶到措施斜坡道井口处停车，等待入口电子门开启。17 s 后，事故车辆起步驶入措施斜坡道，行驶过程中，车辆失控，与措施斜坡道左右侧帮多次剐蹭后，正面碰撞在巷道第 19 个躲避硐室的侧壁上，造成事故发生。事故车辆碰撞瞬间速度约为 66 km/h。

（三）事故直接原因

温建西乌分公司违规使用未取得金属非金属矿山矿用产品安全标识、采用干式制动器的报废车辆向井下运送作业人员。事故车辆驾驶人不具备大型客运车辆驾驶资质，驾驶事故车辆在措施斜坡道向下行驶过程中，制动系统发生机械故障，制动时促动管路漏气，导致车辆制动性能显著下降。驾驶人遇制动不良突发状况处置不当，误操作将挡位挂入三挡，车辆失控引发事故。事故车辆私自改装车厢内座椅、未设置扶手及安全带，超员运输，加重了事故的损害后果。

（四）事故防范措施及建议

严格落实企业安全生产主体责任；切实加强承包单位施工安全管理；淘汰落后设备，大力推广先进装备及工艺；切实加强安全生产教育培训；切实强化安全技术服务机构安全监管；加强安全生产举报投诉查处；严格落实部门安全监管责任；强化落实党委政府安全生产属地管理责任。

第六章 职业病及其防治

第一节 煤矿职业病及职业禁忌证

一、煤矿职业病

（一）职业病的概念

职业病是指企业、事业单位和个体经济组织（以下统称“用人单位”）的劳动者在职业活动中，因接触粉尘、放射性物质和其他有毒、有害物质等因素而引起的疾病。《中华人民共和国职业病防治法》（以下简称《职业病防治法》）对职业病的诊断、报告，以及从业人员的权利、义务等做了明确规定。

煤矿职业病主要有煤肺、硅肺、水泥肺等尘肺病。此外，还有噪声引起的听力下降或耳聋、振动引起的疾患和高温引起的疾患等。

（二）职业病的特点

和其他生产事故造成的职业伤害相比，职业病有以下特点。

（1）病因明确：由接触职业危害因素引起。

（2）群体发病：相同作业情况下，先后或同时群体发病，很少有个别发病可能。

（3）疾病发生与劳动条件密切相关：劳动条件差，作业场所环境恶劣是导致发病的根本原因。

（4）很难治愈：多数职业病造成的伤害是永久性的，很难治愈，如尘肺病。

（5）可以预防：因为病因明确，用人单位及劳动者多可采取有效措施防控职业危害因素，以起到预防的作用。

（三）职业病分类

根据《职业病防治法》有关规定，国家卫生计生委、安全监管总局、人力资源社会保障部和全国总工会联合组织对职业病的分类和目录进行了调整。现行《职业病分类和目录》将职业病分为以下 10 类：职业性尘肺病及其他呼吸系统疾病、职业性皮肤病、职业性眼病、职业性耳鼻喉口腔疾病、职业性化学中毒、物理因素所致职业病、职业性放射性疾病、职业性传染病、职业性肿瘤、其他职业病，共 132 种。

二、职业禁忌证

职业禁忌证是指不宜从事某种作业的疾病或解剖、生理状态。在该状态下接触某些职业性危害因素时，可导致原有疾病病情加重、诱发潜在疾病、影响后代健康、对某种职业危害因素易感，较易发生该种职业病，等等。

不同职业危害因素的职业禁忌证不尽相同，如肺结核、慢性呼吸道疾病是粉尘作业的禁忌症等。

《煤矿安全规程》第六百六十八条规定：癫痫病和精神分裂症患者严禁从事煤矿生产工作。第六百六十九条规定：患有高血压、心脏病、高度近视等病症以及其他不适应高空（2 m 以上）作业者，不得从事高空作业。第六百六十六条规定，有下列病症之一的，不得从事接尘作业：① 活动性肺结核病及肺外结核病；② 严重的上呼吸道或者支气管疾病；③ 显著影响肺功能的肺脏或者胸膜病变；④ 心血管器质性疾病；⑤ 经医疗鉴定，不适于从事粉尘作业的其他疾病。第六百六十七条规定，有下列病症之一的，不得从事井下工作：① 本规程第六百六十六条所列病症之一的；② 风湿病（反复活动）；③ 严重的皮肤病；④ 经医疗鉴定，不适于从事井下工作的其他疾病。

第二节　煤矿主要职业危害因素及职业病防治

一、煤矿主要职业危害因素

职业危害因素是指从业人员在从事职业活动中接触的能导致身体损害的粉尘、毒物等有害因素。根据《煤矿作业场所职业病危害防治规定》，煤矿职业危害因素主要包括以下几种。

（1）粉尘：煤尘、岩尘、水泥尘等。

（2）化学毒物：NO、CO、H_2S、SO_2 等。

（3）物理因素：噪声、高温、振动等。

二、煤矿职业病防治

（一）尘肺病

1. 尘肺病的概念

尘肺病是我国煤矿最常见、最普遍和最主要的一类职业病，它是由于在职业活动中长期吸入生产性粉尘，并在肺内沉积而引起的，是以肺组织弥漫性纤维化为主的致残性（全身性）疾病。

2. 尘肺病病因

劳动者长期吸入的绝大部分粉尘可以被身体排出，但仍有一部分长期滞留在细支气管与肺泡内，并不断被肺泡巨噬细胞吞噬，这些粉尘及吞尘的巨噬细胞是主要致病因素。同时，一系列的研究表明，尘肺病变形成后，即使脱离粉尘作业环境，肺内残留的粉尘也将继续与肺泡巨噬细胞起作用，尘肺病病变仍会继续发展。

3. 尘肺病影响因素

影响尘肺病发病的因素很多，常见的影响因素如下。

（1）粉尘浓度。

粉尘浓度与尘肺病发病率成正比关系，浓度越高，发病率越高。所以，应积极采取措施降低作业现场粉尘浓度。作业现场粉尘浓度要求如表 6-1 所示。

表 6-1　作业场所空气中粉尘浓度要求

粉尘种类	游离 SiO_2 含量/%	时间加权平均浓度/($mg \cdot m^{-3}$)	
		总尘	呼吸尘
煤尘	<10%	4	2.5
矽尘	10～50	1	0.7
	50～80	0.7	0.3
	≥80	0.5	0.2
水泥尘	<10%	4	1.5

（2）粉尘分散度。

粉尘分散度越高，小颗粒粉尘占比越高，也越容易进入劳动者的细支气管与肺泡内，使劳动者患上尘肺病。

（3）接尘时间。

同等作业环境及防护措施下，长期接尘作业者要比短期接尘作业者更容易罹患尘肺病。

（4）防护措施。

劳动者是否妥善佩戴好个人防护用品，将会直接影响吸入身体的粉尘量。

（5）个人健康状况。

个人身体健康状况会直接影响身体对粉尘的清除作用，带病作业更容易促使粉尘在肺内储留。

4. 尘肺病分类

尘肺病的种类很多，包括矽肺、煤工尘肺、石墨尘肺、碳黑尘肺、石棉肺、滑石尘肺、水泥尘肺、云母尘肺等。

5. 尘肺病的临床表现

尘肺病的临床症状与患者的患病程度、个体差异及有无并发症有关。早期症状通常不明显，绝大多数劳动者在 15～20 年以后开始出现症状，个别受矿尘危害严重的劳动者一年甚至几个月以后就出现症状。尘肺病的主要症状如下。

(1) 咳嗽。

尘肺病早期咳嗽多不明显,随着病情的发展,由于肺内广泛纤维化的影响,气管、支气管变形,排痰不畅,病人常易合并慢性支气管炎或其他肺内感染,咳嗽加重,并与季节、气候等密切相关。

(2) 咳痰。

早期一般咳痰量不多,多为灰色稀薄痰,若合并肺内感染或有慢性支气管炎,痰量则明显增多,痰色转黄、较黏稠或呈块状,常不易咳出。

(3) 胸痛。

胸痛多因胸膜受肺内纤维化组织牵扯所致,一般与尘肺病严重程度无明显相关性。

(4) 呼吸困难。

该症状多见于尘肺病后期肺内纤维化较为广泛的病人。随着肺组织纤维化加重,有效呼吸面积减少,导致呼吸困难逐渐加重,肺结核、气胸、肺气肿、肺大疱等并发症可明显加重呼吸困难的程度和加速病情进展。

(5) 咯血。

咯血较为少见,主要因呼吸道长期慢性炎症引起黏膜血管损伤所致,多为痰中带血丝。若大块纤维化病灶溶解破裂损及血管,或合并肺内活动性肺结核,也可导致大咯血。

(6) 其他症状。

可伴随结核、肺心病、肺炎等并发症出现。

6. 尘肺并发症

尘肺病人呼吸系统的防御机能受损,抵抗力明显低于常人,常伴有多种并发症,如呼吸系统感染、自发性气胸、肺结核、肺癌及胸膜间皮瘤、慢性肺源性心脏病、呼吸衰竭等。

7. 就医

劳动者一旦出现相关异常症状应及时就医。

（1）患者出现典型的呼吸系统症状，如咳嗽、咳痰、呼吸困难等时，应前往医院就诊，明确诊断。

（2）长期存在粉尘接触史的人群应定期体检，一旦出现胸部不适时，需高度警惕，及时就医。

（3）当出现严重咯血、胸痛、呼吸困难、下肢浮肿等症状时，应立即就医。

（4）当出现意识障碍、昏睡等意识改变时，应立即就医。

8. 治疗

尘肺病一旦确诊，病变不能逆转，目前尚无特效治疗药及根治办法。但是，积极的治疗可改善患者症状，减少并发症，控制病情的进展，提高患者的生活质量。

（1）治疗周期。

尘肺病需要长期持续性治疗。

（2）一般治疗。

患者应脱离粉尘工作，参加健康监护，实行自我管理（包括戒烟），避免职业性和生活性粉尘接触，加强营养，养成健康的生活习惯。

（3）药物治疗。

目前尘肺病治疗没有特效药，现有药物对改善患者病情及减少并发症具有一定效果，服用后可以有效提高患者生活质量。常见的治疗药物有克矽平、粉防己碱、哌喹、羟基哌喹、柠檬酸铝等。具体如何用药，应遵医嘱。

（4）手术治疗。

晚期尘肺病患者可进行肺移植治疗，单肺和双肺移植均可受益，5 年生存率可达 77%。但换肺需要做手术，具有一定风险，同时后期需要长期服药，以减弱自身的排异反应。

(5) 肺灌洗治疗。

肺灌洗术是目前治疗尘肺病最有效、可行的方法之一。它通过将灌洗液及药物注入肺泡腔内,反复冲洗,将肺泡腔内积聚的有害粉尘、吞尘巨噬细胞及其释放出的刺激纤维增生因子、炎性刺激因子等清除出体外,起到改善症状、延缓病情发展、提高生活质量的目的。如图 6-1 所示。

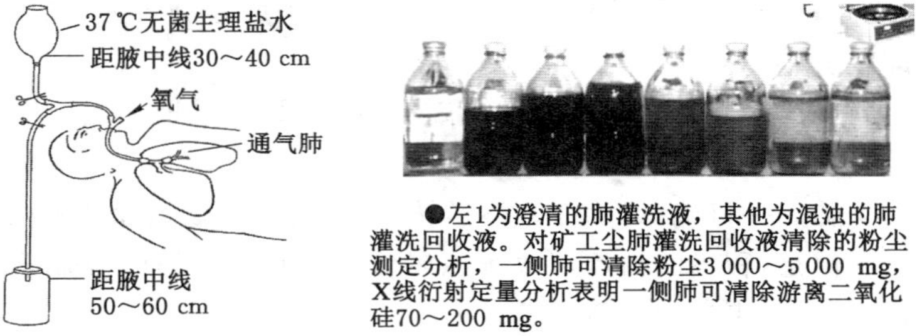

图 6-1 肺灌洗治疗

(6) 肺康复治疗。

肺康复治疗是临床治疗的延续,也是对肺疾病的重要预防措施之一。

9. 预后及常见问题

尘肺病是一种可以预防的慢性疾病,疾病严重程度不同,患者预后明显不同。虽无法完全逆转疾病造成的肺损伤,但积极早期的干预,如早期脱离不良环境、对并发症进行早期治疗等,对于患者的预后具有重要作用。若发现较早且积极治疗,一般不会影响自然寿命。

10. 复诊及保健护理

(1) 复诊。

接触煤尘工龄在 5 年(含)以下者,且接尘浓度达到国家卫生标准可以不随访。

接触煤尘工龄在 20 年(含)以下者,随访 10 年,随访周期原则上为每 5 年一次。

接触煤尘工龄超过 20 年者,随访 15 年,随访周期原则上为每 4 年一次。

离岗、退职或退休后,应每 1～2 年进行一次医学检查。

(2) 保健护理。

尘肺病患者的饮食应当规律,营养得当,以增强患者体质,补充机体消耗。切记不能吃辛辣、刺激性食物,以及避免吸烟、喝酒。同时,适度锻炼可有效减慢病情恶化速度。

11. 预防及防尘措施

煤矿生产粉尘不可避免,为了自身健康,煤矿职工应掌握好综合防尘措施,积极预防尘肺病发生。煤矿常见防尘措施如下。

(1) 减尘措施。

应减少采、掘作业时的粉尘产生量,包括煤层注水、采空区灌水、湿式打眼、水炮泥爆破等。

(2) 降尘措施。

降尘措施包括各产尘点设喷雾洒水装置净化风流,洒水装砟等。洒水降尘要有永久性防尘水池,防尘管路应铺设到所有可能产生和沉积粉尘的地点。

(3) 通风排尘。

应调整合适的风速,加强排尘。最低排尘风速为 0.25～0.5 m/s;最优排尘风速为 1.2～1.6 m/s。在此风速范围内,既可以有效地冲淡和排除浮尘,又不致把大量落尘吹起。

(4) 个体防护。

劳动者个人应正确佩戴防尘口罩,经常更换防尘棉,这样做能有效防止呼吸性粉尘侵入体内。即使是上早班、检修班,劳动者也应做到口罩不离口。个体防护是预防尘肺病的关键。

（二）职业毒害及防治

煤矿井下有毒有害气体较多，主要有甲烷、一氧化碳、二氧化碳、二氧化氮、硫化氢、二氧化硫、氨气等有害气体。这些气体会使人中毒受伤或死亡，常见的防护措施主要有通风、洒水，以及提高安全意识，做好个人防护等。

（三）生产性噪声的危害和防护

1. 危害

噪声对人体的危害有很多，主要有以下三个方面。

（1）损害听觉。

短时间在噪声环境下工作，可引起以听力减弱、听觉敏感性下降为表现的听觉疲劳。长期在噪声环境下工作，可引起永久性耳聋。工作中，噪声在 80 dB(A)以下时，一般不会引起职业性耳聋；噪声在 80 dB(A)以上时，对听力的影响比较严重。

（2）引发各种病症。

长时间在噪声环境下工作，除引起职业性耳聋外，还可引起消化不良、食欲不振、恶心、呕吐、头痛、心跳加快、血压升高、失眠等全身性病症。对于女性劳动者，噪声会影响胎儿发育。

（3）引起事故。

在井下作业现场，强烈噪声可能会掩盖报警声、警告声和部分事故危险预兆声等，从而降低人对事故的感知能力，不利于预防事故。

为保护煤矿职工，《煤矿安全规程》第六百五十九条规定：煤矿应当优先选用低噪声设备，采取隔声、消声、吸声、减振、减少接触时间等措施降低噪声危害。

对于有噪声的工作环境，《煤矿安全规程》第六百五十七条规定：作业人员每天连续接触噪声时间达到或者超过 8 h 的，噪声声级限值为 85 dB(A)。每天接触噪声时间不足 8 h 的，可以根据实际接触噪声的时间，按照接触噪声时间减半、噪声声级限值增加

3 dB(A)的原则确定其声级限值。

2. 预防措施

控制和消除噪声源是预防噪声危害的根本措施。改革生产工艺和生产设备，以消除或降低噪声，是每一个煤矿企业都应遵守的要求。对于作业人员自身而言，采取合理的防护措施，合理安排劳动作息时间，做好自身卫生保健，对预防噪声危害可以起到积极作用，具体如下。

(1) 采取合理的防护措施。利用耳塞防护：合适的耳塞，其隔声效果可达 30～40 dB(A)，对高频噪声的阻隔效果较好。

(2) 合理安排劳动制度。工作时间穿插休息时间，休息时间离开噪声环境。限制噪声工作时间，可减轻噪声对人体的危害。

(3) 采取合理的卫生保健措施。受到噪声危害的人员应定期体检；听力下降者应及时治疗，严重者应调离噪声工作岗位。

就业前体检或定期体检中发现的有听觉器官疾病、心血管病、神经系统器质性疾病者，不得从事噪声环境工作。

(四) 生产性振动的危害和防护

1. 职业振动病

职业振动病是指在生产过程中，劳动者长期使用可每秒钟振动 10～8 000 次的物体，而引发的一种职业病。按振动作用于人体的方式，振动可分为局部振动和全身振动。

2. 危害

(1) 对神经系统的危害：表现为大脑皮层功能下降，条件反射潜伏期延长或缩短，出现膝反射抑制甚至消失；自主神经系统营养障碍；皮肤感觉迟钝，触觉、温热觉、痛觉、振动觉功能下降。

(2) 对心血管系统的危害：出现心动过缓、窦性心律不齐、传导阻滞等病症。

(3) 对肌肉系统的危害：表现为握力下降、肌肉萎缩、肌纤维颤动和疼痛等症状。

(4) 对骨组织的危害:可引起骨和关节改变,出现骨质增生、骨质疏松、关节变形、骨硬化等病症。

(5) 对听觉器官的危害:表现为听力损失和语言能力下降。

全身振动会引起足部周围神经和血管变化,出现足痛、易疲劳、腿部肌肉触痛等症状,常引起脸色发白、出冷汗、恶心、呕吐、头痛、头晕、食欲不振、胃机能障碍、肠蠕动不正常等。

3. 预防措施

为减轻振动对人体的危害,应采取各种减振措施。

(1) 对局部振动的减振措施。改革工艺和设备,改革工作制度。合理使用减振用品,建立合理的劳动制度,限制作业人员的接触振动时间。煤矿井下的振动危害主要来自煤电钻、风钻、综采、综掘及其他机械。

(2) 对全身振动的减振措施。在有可能产生较大振动的设备周围设置隔离地沟,衬以橡胶、软木等减振材料,以确保振动不外传。对振动源采取减振措施,如用弹簧等减振阻尼器来缩短振动的传递距离;在井下采煤机、掘进机、柴油车等的座椅下加泡沫垫等,以减弱运行中由于各种原因传来的振动。

另外,利用尼龙件代替金属件,可减少机器的振动。同时,对于劳动者经常持有的设备,应做到及时检修,防止因零件松动引起振动。

(五) 高温作业的危害和防护

1. 危害

高温作业会使劳动者出现一系列生理功能变化,进而产生不良影响,甚至病变。高温作业对劳动者的常见危害如下。

(1) 对循环系统的影响。高温作业时,皮肤血管扩张,大量出汗使血液浓缩,造成心脏活动增强、心跳加快、血压升高、心血管负担增加。

(2) 对消化系统的影响。高温对唾液分泌有抑制作用,会使胃液分泌减少，胃蠕动减慢，造成食欲不振；大量出汗和氯化物的丧失，会使胃液酸度降低，易造成消化不良。此外，高温可使小肠的运动减慢，形成其他胃肠道疾病。

（3）对泌尿系统的影响。高温下，人体的大部分体液由汗腺排出，经肾脏排出的水、盐量大大减少，尿液浓缩，肾脏负担加重。

（4）对神经系统的影响。在高温及热辐射作用下，肌肉的工作能力会降低，动作的准确性、协调性，反应速度及注意力等都会大大降低。

2. 防治措施

为保障劳动者身体健康，避免高温作业，《煤矿安全规程》第六百五十五条规定：当采掘工作面空气温度超过 26 ℃、机电设备硐室超过 30 ℃时，必须缩短超温地点工作人员的工作时间，并给予高温保健待遇。当采掘工作面的空气温度超过 30 ℃、机电设备硐室超过 34 ℃时，必须停止作业。新建、改扩建矿井设计时，必须进行矿井风温预测计算，超温地点必须有降温设施。

但随着井下采煤深度的延伸，受地热影响，一些地区生产矿井的温度不可避免地高于《煤矿安全规程》的要求。为减少热害威胁，《煤矿安全规程》第六百五十六条规定：有热害的井工煤矿应当采取通风等非机械制冷降温措施。无法达到环境温度要求时，应当采用机械制冷降温措施。常见降温措施有通风降温、喷雾洒水降温、个人防护等。

第三节　职业健康监护及从业人员职业卫生的权利和义务

一、健康监护相关要求

《职业病防治法》第三十二条规定：对从事接触职业病危害的作业的劳动者，用人单位应当按照国务院安全生产监督管理部门、卫生行政部门的规定组织上岗前、在岗期间和离岗时的职业健康检查，并将检查结果书面告知劳动者。职业健康检查费用由用人单位承担。

用人单位不得安排未经上岗前职业健康检查的劳动者从事接触职业病危害的作业；不得安排有职业禁忌的劳动者从事其所禁忌的作业；对在职业健康检查中发现有与所从事的职业相关的健康损害的劳动者，应当调离原工作岗位，并妥善安置；对未进行离岗前职业健康检查的劳动者不得解除或者终止与其订立的劳动合同。

职业健康检查应当由取得《医疗机构执业许可证》的医疗卫生机构承担。

《职业病防治法》第三十三条规定：用人单位应当为劳动者建立职业健康监护档案，并按照规定的期限妥善保存。

职业健康监护档案应当包括劳动者的职业史、职业病危害接触史、职业健康检查结果和职业病诊疗等有关个人健康资料。

劳动者离开用人单位时，有权索取本人职业健康监护档案复印件，用人单位应当如实、无偿提供，并在所提供的复印件上签章。

《煤矿安全规程》第六百六十三条规定：煤矿企业必须按照国家有关规定，对从业人员上岗前、在岗期间和离岗时进行职业健康检查，建立职业健康档案，并将检查结果书面告知从业人员。

二、职业健康检查的内容

（一）健康检查

1. 上岗前职业健康检查

对新录用、变更工作岗位或工作内容的劳动者在上岗前进行健康检查，评价劳动者上岗前的健康状况，鉴定其是否有职业禁忌证。

2. 在岗期间职业健康检查

定期对劳动者进行职业健康检查，动态观察劳动者的健康变化，及时发现疑似病患者，判断劳动者是否适合继续从事原工种作业或是否需要进一步观察治疗。

3. 离岗时职业健康检查

对调离从事职业危害工种岗位的劳动者，应在离岗前进行职业健康检查，依检查结果评价劳动者的健康状况是否与职业危害因素有关，是否患职业病，以明确法律责任。

4. 应急职业健康检查

当发生职业危害事故时，对伤残或可能患职业病的劳动者，及时组织并进行健康检查和医学观察。依检查结果发现危害因素，评价劳动者的健康危害程度，并提出预防措施，控制职业危害的继续蔓延和发展。

（二）职业健康检查的项目及周期

按《职业健康监护管理办法》的规定，确定检查项目和周期。检查项目有一般检查项目、特殊检查项目和选择检查项目。

《煤矿安全规程》第六百六十四条规定，接触职业病危害从业人员的职业健康检查周期按下列规定执行：① 接触粉尘以煤尘为主的在岗人员，每 2 年 1 次；② 接触粉尘以矽尘为主的在岗人员，每年 1 次；③ 经诊断的观察对象和尘肺患者，每年 1 次；④ 接触噪声、高温、毒物、放射线的在岗人员，每年 1 次。

三、煤矿从业人员职业卫生权利与义务

（一）煤矿从业人员职业卫生权利

《职业病防治法》第三十六条规定，劳动者享有下列职业卫生保护权利：① 获得职业卫生教育、培训；② 获得职业健康检查、职业病诊疗、康复等职业病防治服务；③ 了解工作场所产生或者可能产生的职业病危害因素、危害后果和应当采取的职业病防护措施；④ 要求用人单位提供符合防治职业病要求的职业病防护设施和个人使用的职业病防护用品，改善工作条件；⑤ 对违反职业病防治法律、法规以及危及生命健康的行为提出批评、检举和控告；

⑥ 拒绝违章指挥和强令进行没有职业病防护措施的作业；⑦ 参与用人单位职业卫生工作的民主管理，对职业病防治工作提出意见和建议。用人单位应当保障劳动者行使前款所列权利。用人单位不得因劳动者依法行使正当权利而降低其工资、福利等待遇或者解除、终止与其订立的劳动合同。

（二）煤矿从业人员职业卫生义务

《职业病防治法》第三十一条规定：劳动者应当学习和掌握相关的职业卫生知识，遵守职业病防治法律、法规、规章和操作规程，正确使用、维护职业病防护设备和个人使用的职业病防护用品，发现职业病危害事故隐患应当及时报告。劳动者不履行前款规定义务的，用人单位应当对其进行教育。

第七章　矿井通风与灾害防治

第一节　矿井通风基础知识

煤矿从业人员应清楚地了解矿内空气成分和各种有害气体的产生、危害及防治措施；了解通风原理与通风系统的主要内容和通风设施的作用；掌握《煤矿安全规程》对矿井通风管理的有关规定。

一、矿井空气

（一）地面空气

地面空气主要由氧气（20.96%）、氮气（78.13%）和二氧化碳（0.04%）构成，如图7-1所示。惰性气体和水蒸气及尘埃通常忽略不计。

地面空气进入矿井后，因为生产和自然原因，其成分和性质会发生一些变化，对安全生产造成威胁，应予以充分重视。

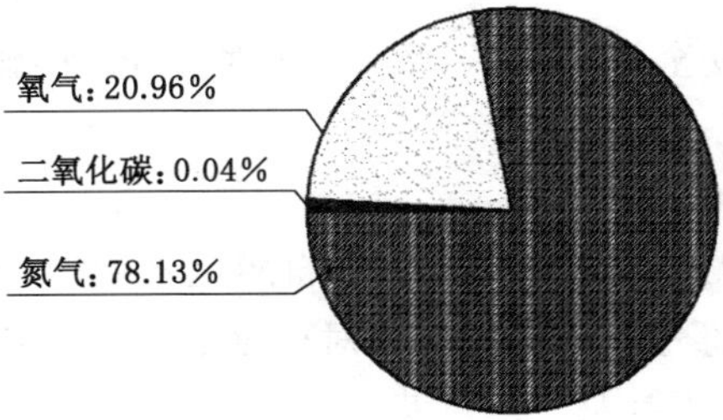

图7-1　地面空气成分

（二）矿内空气

1. 矿内空气的主要成分

（1）氧气（O_2）。

① 性质。氧气是一种无色、无味、无嗅、无毒的气体；相对密度为 1.11，略大于空气；不易溶于水，化学性质比较活泼，具有氧化性，能支持燃烧，有助燃性，可供人呼吸。

② 矿内空气中氧气浓度减少的主要原因。人的呼吸、煤的氧化、木腐烂、井下火灾、瓦斯煤尘爆炸等直接消耗了氧气。另外，生产中不断产生和煤岩层不断放出的各种有害气体，也相应地降低了空气中氧气的浓度。

③ 对人体的影响见表 7-1 所示。

表 7-1　空气中不同浓度氧含量对人体的影响

空气中氧含量	对人体的影响
17%	休息时无影响，工作时会引起喘息、呼吸困难
15%	使人呼吸急促，脉搏跳动加快，判断和意识能力降低
10%～12%	使人失去理智，时间稍长即有生命危险
6%～9%	使人失去知觉，几分钟内心脏尚能跳动，若不急救就会死亡

④《煤矿安全规程》第一百三十五条规定：采掘工作面的进风流中，氧气浓度不低于 20%。

（2）二氧化碳（CO_2）。

① 性质：无色，略带有酸味，不自燃也不助燃，不能供人呼吸，含量大时略有毒性，易溶于水，相对密度为 1.52，多积存在巷道下部、采空区下部边缘及下山盲巷中。

② 来源：煤、岩、坑木等物质的氧化，爆破，矿井火灾，瓦斯、煤尘爆炸，人的呼吸，从煤、岩层中涌出或突然喷出等。

③ 对人体的危害见表 7-2 所示。

表 7-2　不同浓度二氧化碳对人体的危害

二氧化碳的浓度	对人体的危害
3%	使人呼吸次数增加两倍，很快产生疲劳现象
5%	使人呼吸次数增加三倍，感到呼吸困难、憋气和耳鸣
7%	使人发生严重喘息，极度虚弱无力，强烈头疼
10%	使人发生昏迷
10%～15%	使人呼吸处于停顿状态，失去知觉
20%～25%	使人窒息死亡

④《煤矿安全规程》第一百三十五条规定：采掘工作面的进风流中，二氧化碳浓度不超过 0.5%。第一百七十一条规定：矿井总回风巷或者一翼回风巷中甲烷或者二氧化碳浓度超过 0.75%时，必须立即查明原因，进行处理。第一百七十二条规定：采区回风巷、采掘工作面回风巷风流中甲烷浓度超过 1.0%或者二氧化碳浓度超过 1.5%时，必须停止工作，撤出人员，采取措施，进行处理。

(3) 氮气(N_2)。

① 性质：无色，无味，无嗅，不助燃也不能供人呼吸，不易溶于水，相对密度为 0.97。氮气本身无毒，但在高温下可与氧化合成极毒的二氧化氮。

② 来源：井下有机物的腐烂，爆破，从煤层中放出等。

③ 对人体的影响：在正常情况下，氮气对人体无害，但若在通风不良的巷道内，氮气浓度的增加会使氧气含量相对减少，从而使人缺氧致窒息死亡。

2. 矿内空气中主要有毒、有害气体

矿内空气中的主要有害气体有一氧化碳、二氧化氮、二氧化硫、硫化氢、氨气、甲烷、二氧化碳、氢气、氮气等。

(1) 一氧化碳(CO)。

① 性质：无色，无味，无嗅，有强烈毒性；相对密度为 0.97，几乎能均匀扩散在空气中；微溶于水，能燃烧，但不助燃；当浓度达到 13%～75%时能爆炸。

② 主要来源：矿井火灾，煤炭自燃，瓦斯与煤尘爆炸(1 kg 煤尘燃烧能产生 1.5 m^3的一氧化碳)，爆破；润滑油高温分解等。

③ 对人体的危害见表 7-3 所示。一氧化碳对人体的危害极大。因为一氧化碳与人体血色素中的血红蛋白的结合能力比氧大，当吸入人体后，一氧化碳进入血液与血红蛋白结合，阻止了红细胞吸氧，引起中枢神经系统损坏，从而使人体血液中毒，严重时会窒息死亡。

表 7-3　不同浓度一氧化碳对人体的危害

一氧化碳的浓度	中毒时间	对人体的危害	中毒程度
0.016%	2～3 h	使人无征兆或轻微头痛	
0.048%	1～2 h	使人耳鸣、头痛、眩晕、心跳加快	轻微(一类)
0.128%	0.5～1 h	使人肌肉酸痛、四肢无力、呕吐、感觉迟钝	严重(二类)
0.4%	0.5 h	使人丧失知觉、痉挛、呼吸停顿、死亡	致命(三类)
1.28%	1～3 min	使人呼吸停止、死亡	

据统计，在煤矿发生瓦斯、煤尘爆炸及火灾事故时死亡的人中，75%～85%都是因一氧化碳中毒而身亡。

《煤矿安全规程》规定：井下一氧化碳浓度不得超过 0.0024%。

(2) 二氧化氮(NO_2)。

① 性质：棕红色，有强烈刺激性臭味，相对密度为 1.57，极易溶于水，不自燃，不助燃，是一种剧毒性气体。

② 来源：井下二氧化氮主要来源于爆破(爆破后，会产生大量的一氧化氮，但因其很不稳定，很快生成二氧化氮)。

③ 对人体的危害见表 7-4 所示。二氧化氮对人的眼睛、鼻腔、呼吸道及肺部组织有强烈的腐蚀破坏作用，能引起肺水肿。二氧化氮中毒的特点是：起初无感觉，即使在危险浓度下也只是感觉呼吸道受刺激而咳嗽，经 6～24 h 后才出现中毒现象；其症状是：严重支气管炎，呼吸困难，手指尖出现黄斑，吐淡黄色痰液，发生肺水肿，引起头疼、呕吐现象，以致死亡。

表 7-4　不同浓度二氧化氮对人体的危害

二氧化氮的浓度	对人体的危害
0.003 4%	使人呼吸困难，6 h 后出现咳嗽等中毒症状
0.006%	使人呼吸道感到刺激、咳嗽、肺部疼痛
0.01%	使人剧烈咳嗽、恶心、呕吐、神经系统麻木
0.025%	使人短时间内死亡

必须注意的是，因二氧化氮能引起肺肿，所以在对二氧化氮中毒者进行急救时，只能输入纯氧让其自己呼吸，严禁进行人工呼吸或输入含二氧化碳的氧气，以免加速伤员死亡。

《煤矿安全规程》第一百三十五条规定：井下二氧化氮浓度不得超过 0.000 25%。

(3) 二氧化硫(SO_2)。

① 性质：硫黄气味，酸味，无色，相对密度为 2.2，易积聚在巷道底部，易溶于水，有剧毒。

② 来源：含硫煤炭的氧化和自燃，含硫煤岩层中的爆破工作，含硫煤尘爆炸，硫化矿物的缓慢氧化，从煤层或围岩中放出，井下橡胶类物品(如电缆、电线等)的燃烧生成等。

③ 对人体的危害见表 7-5 所示。二氧化硫对人的眼睛有强烈刺激作用(俗称瞎眼气体)，腐蚀呼吸器官，引起支气管炎，导致呼吸麻痹，严重时引起肺水肿，以致死亡。

表 7-5　不同浓度二氧化硫对人体的危害

二氧化硫的浓度	对人体的危害
0.000 5%	使人感到有刺激性气味
0.002%	使人眼睛红肿、流泪、咳嗽、头痛、喉痛
0.05%	引发急性支气管炎、肺水肿，使人短时间内中毒死亡

《煤矿安全规程》第一百三十五条规定：井下二氧化硫浓度不得超过 0.000 5%。

(4) 硫化氢(H_2S)。

① 性质：无色，微甜，带有臭鸡蛋味，相对密度为 1.19，易溶于水，具有强烈毒性；当浓度达到 4.3%～46%时，能燃烧和爆炸。

② 来源：坑木等有机物的腐烂(主要在老巷中)，含硫矿物的氧化和水解(积存污水处)，含硫煤炭的自燃，从含硫化氢的煤岩层中放出等。

③ 对人体的危害见表 7-6 所示。硫化氢对人的眼睛、鼻腔、咽喉及上呼吸道的黏膜有较强的刺激作用，能干扰人的中枢神经系统，易引起急性中毒或死亡。

表 7-6　不同浓度硫化氢对人体的危害

硫化氢的浓度	对人体的危害
0.000 1%	使人闻到臭味
0.001%	数小时后使人轻度中毒、流唾液、流鼻涕、呼吸困难、头晕
0.05%	能使人严重中毒，0.5～1 h 后使人失去知觉、痉挛，不急救会致人死亡
0.1%	致命，几分钟即可致人死亡

《煤矿安全规程》规定：井下硫化氢浓度不得超过 0.000 66%。

(5) 氨气(NH_3)。

① 性质：无色，浓烈异臭味，相对密度为0.6，易溶于水，有爆炸性（爆炸浓度为16%～27%）和毒性。

② 来源：炸药爆破，用水熄灭燃烧的煤炭，有机物的氧化和腐烂，从部分岩层中涌出等。

③ 对人体的危害：对人的皮肤和呼吸器官有刺激作用，能引起咳嗽、流泪、头晕、声带水肿，重者会昏迷、痉挛、心力衰竭以致死亡。

《煤矿安全规程》第一百三十五条规定：井下氨气浓度不得超过0.004%。

（6）氢气（H_2）。

① 性质：无色，无味，无嗅，无毒，相对密度为0.07，难溶于水，具有燃爆性；在空气中浓度达到4%～74%时，遇到火可以发生爆炸。

② 来源：井下蓄电池车车库内，井下蓄电池车充电，矿井发生火灾事故，从少量的煤层中放出等。

《煤矿安全规程》第一百六十七条规定：井下充电室风流中以及局部积聚处的氢气浓度，不得超过0.5%。

3. 井下有害气体的防治措施

（1）加强通风。保证井下各用风地点有足够的新鲜空气，并将各种有害气体冲淡到安全浓度以下和排出井外。

（2）加强瓦斯监测、监控与检查。做到心中有数，异常情况时及时采取相应措施进行处理，防止各种有害气体积聚或大量涌出。

（3）对局部有害气体浓度高、涌出量大的地区，可采用抽采或局部通风释排的办法，使有害气体降到安全浓度以下。对爆破产生的二氧化氮等有害气体和工作面涌出的二氧化碳，可采用喷雾洒水的办法使其溶于水中，以降低其在空气中的含量。

（4）井下通风不良的区域或巷道，要设置栅栏并悬挂“禁止入内”的警标。未经检测和确认有害气体是否造成危害时，不得入内。

（5）要按标准构筑用于封闭井下火区、盲巷或抽采瓦斯的各种密闭装置，并定期检查维修，保持完好，防止有害气体泄出。

(6) 对中毒人员应立即移送到含有新鲜空气的巷道中，并视其具体情况及时抢救。

二、矿井气候条件

矿井气候条件是指井下空气的温度、湿度和风速三者综合所给予的舒适感觉程度。影响矿内气候的主要因素有地面气温、空气的压缩与膨胀、岩层温度、地下水的作用、水分蒸发、氧化生热、通风强度，还有其他因素，如机械设备运转、凿岩爆破、人体散热等。井下气候条件的好坏，对人体健康和劳动生产率的提高有着重要影响，是保证矿井安全生产的重要因素。

(一) 矿井温度

《煤矿安全规程》第一百三十七条规定：进风井口以下的空气温度(干球温度，下同)必须在 2 ℃以上。第六百五十五条规定：当采掘工作面空气温度超过 26 ℃、机电设备硐室超过 30 ℃时，必须缩短超温地点工作人员的工作时间，并给予高温保健待遇。当采掘工作面的空气温度超过 30 ℃、机电设备硐室超过 34 ℃时，必须停止作业。第六百五十六条规定：无法达到环境温度要求时，应当采用机械升温或降温措施。

在检查与测定采掘工作面和机电硐室的空气温度时，应按下列要求进行。

(1) 测点选择。

① 掘进工作面空气温度的测点，应选在距工作面迎头 2 m 处的工作面风流中。

② 长壁式采煤工作面空气温度的测点，应选在输送机道空间中央距回风道口 15 m 处的工作面风流中。采煤工作面串联通风时，应分别测定。

③ 机电硐室空气温度的测点，应选在硐室回风道口的回风流中。

④ 温度的测点不应靠近人体或发热、制冷设备，最近距离为0.5 m。

(2) 测定时间。

空气温度的测定时间，一般为8:00—16:00。

(3) 测定仪器。

测定仪器可选用最小分度为0.5 ℃并经过校正的温度计。

（二）矿井空气的湿度

空气湿度是指单位体积或单位质量空气中的含水蒸气的数量。空气湿度有绝对湿度和相对湿度两种表示方法。相对湿度影响人体蒸发散热的效果。一般认为，人体感到最适宜的空气湿度为50%～60%。

（三）井巷中的风速

在矿井井巷中，风流在单位时间内流经的距离，称为井巷中的风速，简称风速。风速的大小直接影响人体的散热效果。对流散热强度随风速增大而增大。当气温低于体温时，风速越大，对流散热量越大；当气温高于体温时，风速越大，对流散热量也越大。同时，蒸发散热、散湿的效果也随风速的增大而增强。井巷中的允许风流速度见表7-7所示。

表7-7　井巷中的允许风流速度

井巷名称	允许风速/($m \cdot s^{-1}$)	
	最低	最高
无提升设备的风井和风硐	—	15
专为升降物料的井筒	—	12
风桥	—	10
升降人员和物料的井筒	—	8
主要进回风巷	—	8

表 7-7(续)

井巷名称	允许风速/(m·s^{-1})	
	最低	最高
架线电机车巷道	1.0	8
输送机巷,采区进、回风巷	0.25	6
采煤工作面,掘进中的煤巷和半煤岩巷	0.25	4
掘进中的岩巷	0.15	4
其他通风人行巷道	0.15	—

注:人体最适宜的风速为 1～2 m/s;人体最适宜的风量为 50～80 m^3/min;采掘工作面按同时工作的最多人数计算风量,每人每分钟供风量不得少于 4 m^3。

三、矿井通风阻力

当空气沿井巷运动时,由于风流的黏滞性和惯性以及井巷壁面等对风流的阻滞、扰动作用而形成通风阻力,它是造成风流能量损失的原因。井巷通风阻力可分为摩擦阻力和局部阻力。

(一) 摩擦阻力

风流在井巷中做沿程流动时,由于流体层间的摩擦和流体与井巷壁面之间的摩擦所形成的阻力称为摩擦阻力,也叫沿程阻力。

(二) 局部阻力

由于井巷断面、方向变化以及分岔或会合等原因,使均匀流动在局部地区受到影响而破坏,从而引起风流速度场分布变化和产生涡流等,造成风流能量损失,这种阻力称为局部阻力,如图 7-2 所示。常见的局部阻力产生的类型如下。

(1) 突变:紊流通过突变部分时,由于惯性作用,出现主流与边壁脱离的现象,在主流与边壁之间形成涡漩区,从而增加能量损失。

(2) 渐变:主要是由于沿流动方向出现减速、增压现象,在边壁附近产生涡漩。

(3) 转弯:流体质点在转弯处受到离心力作用,在外侧出现减速增压,出现涡漩。

(4) 分岔与会合:上述情况的综合。

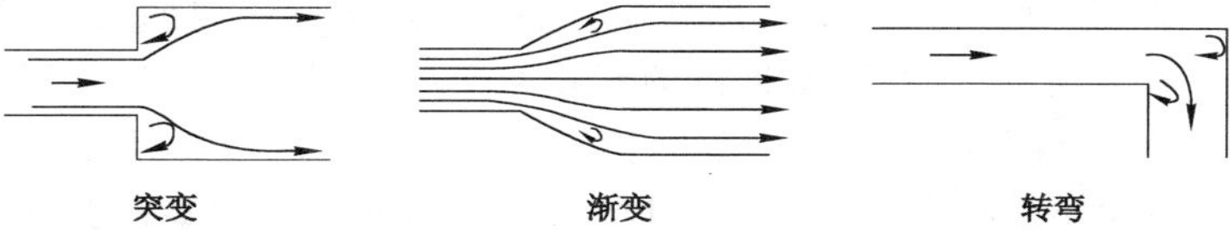

图 7-2　局部阻力

(三) 矿井总风阻

矿井总风阻是反映矿井通风难易程度的一个指标。矿井总风阻越大,矿井通风越困难。

(四) 减小矿井通风阻力的措施

减小矿井通风阻力对保证矿井安全生产和提高经济效益具有重要意义。

1. 减小井巷摩擦阻力的措施

(1) 减小摩擦阻力系数 α。

(2) 保证有足够大的井巷断面。在其他参数不变时,井巷断面扩大 33%,摩擦阻力值可减少 50%。

(3) 选用周长较小的井巷。在井巷断面相同的条件下,圆形断面的周长最短,拱形断面次之,矩形、梯形断面的周长较长。

(4) 缩短巷道长度。

(5) 避免巷道内风量过于集中。

2. 减小局部阻力的措施

局部阻力与 ξ 值成正比,与断面的平方成反比。为减小局部阻力,应尽量避免井巷断面的突然扩大或突然缩小,断面大小悬殊的井巷,其连接处断面应逐渐变化;尽可能避免井巷直角转弯或大于 90°的转弯;主要巷道内不得随意停放车辆、堆积木料等;要加强矿井总回风道的维护和管理，对冒顶、片帮和积水处要及时处理。

四、矿井通风动力

为克服矿井风流在井巷中流动过程中产生的通风阻力，必须给矿井风流提供能量，所提供的能量叫矿井通风动力。这种能量的产生如果是由通风机造成的，则称为机械风压；若是矿井自然条件产生的，则称为自然风压。机械风压和自然风压均是矿井通风动力，用以克服矿井的通风阻力，促使空气流动。

（一）自然通风

利用自然因素产生的通风动力，使空气在井下巷道流动的通风方法叫自然通风。自然风压是由于矿井通风系统闭合回路中各点风流的密度存在差异而形成的。一般情况下，矿井的自然风压都比较小，一般不大于 200～300 Pa，是矿井通风的次要动力。它对通风机工作时产生的机械风压有一定的影响，有时需要了解它的数量变化。可以根据当地四季气温的变化规律，在每一年每个季节内选择风压最大和最小时进行测定，掌握自然风压的变化规律。

由于自然风压很小且不稳定，所以《煤矿安全规程》第一百五十八条规定：矿井必须采用机械通风。

（二）机械通风

利用通风机运转产生的通风动力，致使空气在井下巷道流动的通风方法叫机械通风。采用机械通风的矿井，自然风压也是始终存在的，并在各个时期内影响着矿井的通风工作，在通风管理工作中应给予充分重视，特别是高瓦斯矿井尤应注意。

1. 矿用风机分类

按风机服务范围和作用不同，矿用风机可分为主要通风机（简称主扇）、辅助通风机（简称辅扇）和局部通风机（简称局扇）。按构造不同，矿用风机可分为轴流式通风机与离心式通风机。当矿井总风阻变化时，使用轴流式通风机风量变化较小。因此，轴流式通风机适用于风阻变化大且要求风量变动小的矿井。当矿井总风阻变化时，使用离心式通风机风量变化较大，风量调节比较方便。

2. 主要通风机的要求

主要通风机的安装和使用应符合下列要求：主要通风机必须安装在地面。装有通风机的井口必须封闭严密，其外部漏风率在无提升设备时不得超过 5%，有提升设备时不得超过 15%。必须保证主要通风机连续运转。必须安装 2 套同等能力的主要通风机装置，其中 1 套备用，备用通风机必须能在 10 min 内开动。在建井期间，可安装 1 套通风机和 1 部备用电动机。生产矿井现有的 2 套不同能力的主要通风机，在满足生产要求时，可继续使用。装有主要通风机的出风井口应安装防爆门，防爆门每 6 个月检查、维修 1 次。

3. 主要通风机的附属装置

矿用通风机除主机以外，还有风硐、扩散器（扩散塔）、防爆门（防爆井盖）、反风装置等附属装置，它们与主机总称为通风机装置。对反风装置，应定期进行检修，确保其处于良好状态；动作必须灵敏可靠，能在 10 min 内改变巷道中的风流方向；结构要严密，漏风少；反风时，风量不应小于正常风量的 40%；每年至少进行 1 次反风演习。

这些附属装置对风机本身的可靠运转及整个矿井的安全生产均有一定影响。因此，对附属装置的设计、施工及使用应予以充分重视。

五、矿井通风系统

矿井风流由入风井口进入井下，经过各用风场所，由回风井口排出矿井。风流所经过的整个路线及配套的通风设施，称为矿井通风系统。矿井通风系统由矿井通风方法、矿井通风方式、矿井通风网络以及矿井通风构筑物组成。

矿井通风的主要任务是连续不断地向井下各工作场所输送适量的新鲜空气，保证井下人员生存所需的氧气，冲淡并排除从井下煤岩层中涌出的或在生产过程中产生的有害气体、粉尘和水蒸气，调节井下的气候条件，给井下作业人员创造良好的生产工作环境，提高矿井抵抗灾害的能力。

（一）矿井通风方法与通风方式

1. 通风方法

矿井通风方法是指矿井主要通风机对矿井供风的工作方式，有压入式、抽出式、抽压混合式三种。

2. 通风方式

按照进、回风井之间在井田内的位置关系，通风方式可分为中央式、两翼对角式和分区式三种。

(1) 中央式：进回风井位于井田走向中央，风流在井下的流动路线是折返式。

特点：地面建筑和供电集中，便于管理，建井期较短，便于贯通，井筒延伸通风方便，但风流路径长，风阻较大，井底车场和进回风井间压差大，漏风大。

适用条件：井田走向长度不大（小于 4 km）、瓦斯及自燃不严重的矿井。

投产后要考虑打新风井，不宜长期使用中央式通风方式。

(2) 两翼对角式：进风井位于井田中央，回风井设在沿走向的两翼。

特点：通风路线较短，阻力和漏风较小，各采区间风阻较均衡，便于按需分风。工业广场不受回风污染和抽出式主要风机噪声的危害。

适用条件：井田走向长、产量高、需风量大、易自燃、有突出危险的矿井。

(3) 分区式：进风井位于井田中央，开采井田浅部，在每个采区掘一个小回风井与采区回风巷相通，不必掘总回风巷。开采井田深部时，往往转变为两翼对角式。

特点：基本与两翼对角式相同，浅部开采不掘总回风巷，可加快投产时间。但是，开采深部煤田时，通风方式需改变，对生产有一定干扰。

适用条件：井田走向长、产量高、需风量大、易自燃、有突出危险、煤层赋存浅、要求投产期短的矿井。

（二）局部通风

矿井新建、扩建或生产时，都要掘进巷道，在掘进过程中，为了稀释和排出自煤（岩）体涌出的有害气体、爆破产生的炮烟和粉尘，以及创造良好的气候条件，必须对独头掘进工作面进行通风。利用局部通风机或主要通风机产生的风压对井下独头巷道进行通风的方法，称为局部通风，又称掘进通风。

1. 局部通风机通风

利用局部通风机作为动力，通过风筒导风的通风方法称为局部通风机通风。它是目前局部通风最主要的方法。常用的通风方式有压入式通风（图 7-3）、抽出式通风（图 7-4）和混合式通风。

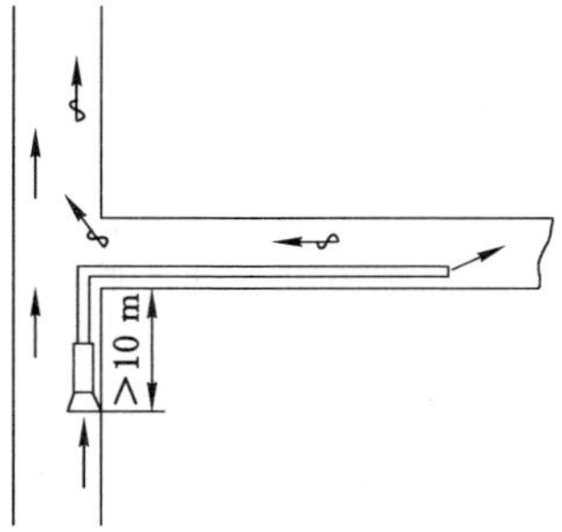

图 7-3　压入式通风

混合式通风是压入式和抽出式两种通风方式的联合运用，按局

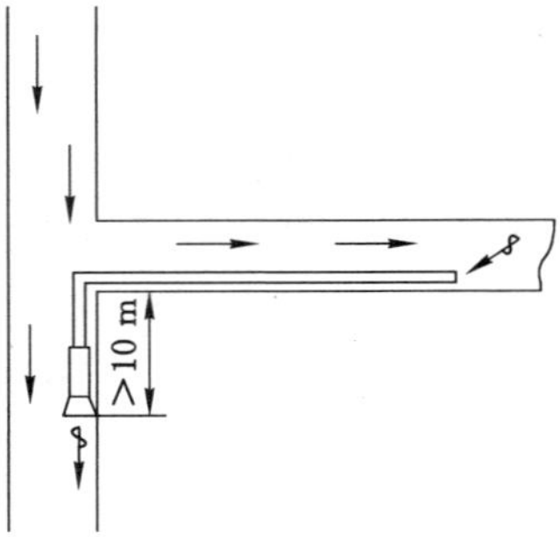

图 7-4　抽出式通风

部通风机和风筒的布设位置，分为长压短抽式通风（图 7-5）、长抽短压式通风（图 7-6）和长抽长压式通风。

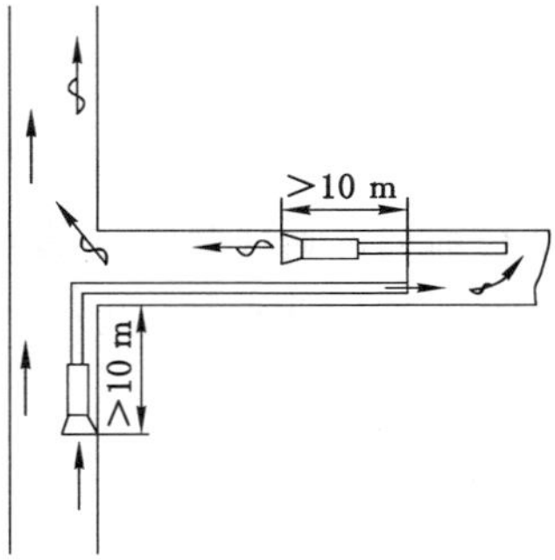

图 7-5　长压短抽式通风

目前，局部通风还可采用可控循环通风。当局部通风机的吸入风量大于全压供给设置通风机巷道的风量时，则部分由局部用风地点排出的污浊风流，会再次经局部通风机送往用风地点，故称其为循环风。循环通风分为掺有适量外界新风的循环通风和不掺有外界新风的循环通风，前者为可控循环通风，也称为开路循环通风；后者为闭路循环通风。

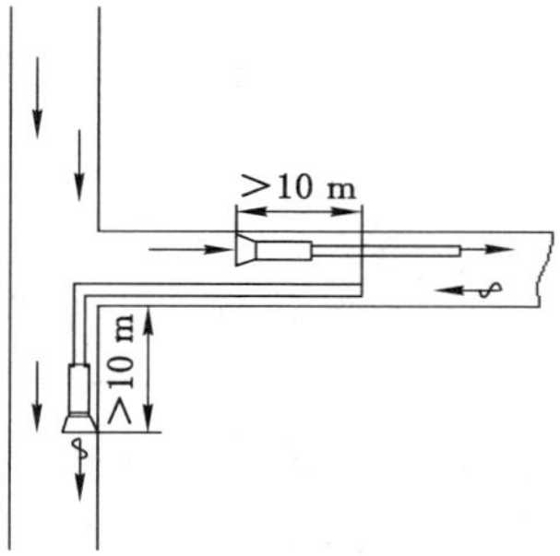

图 7-6　长抽短压式通风

2. 矿井全风压通风

矿井全风压通风不需增设其他动力设备,可直接利用矿井主扇造成的风压对掘进巷道和工作面进行通风。为了将新鲜风流引入工作面并排出污风,必须采用挡风墙、风幛和风筒等导风设施。矿井全风压通风的优点是安全可靠,管理方便,但前提是要有足够的总风压。

3. 引射器通风

引射器的通风原理是利用压力水或压缩空气经喷嘴高速射出产生射流。周围的空气被卷吸到射流中,为了减少射流与卷吸空气间冲击的损失,空气和射流在混合管内掺混,整流后共同向前运动,从而使风筒内有风流不断流过。

4. 扩散通风

扩散通风是利用空气中分子的自然扩散运动,对局部地点进行通风的方式。《煤矿安全规程》第一百六十八条规定井下机电设备硐室必须设在进风风流中;采用扩散通风的硐室,其深度不得超过 6 m、入口宽度不得小于 1.5 m,并且无瓦斯涌出。

(三) 采区通风

采区通风是矿井通风系统的基本组成部分,也是采区生产系统的重要部分。它包括通风网络、通风设备、通风构筑物，以及通风参数的检查和自控装置部分。采区通风系统与巷道布置、采煤方法互相制约，三者必须综合考虑，不能脱节。

1. 采煤工作面通风方式

(1) U 形通风：具有采空区漏风小的优点。但是，在工作面上隅角附近易积存沼气，影响工作面的安全生产。在瓦斯涌出量不大时，可采用导风设施（导风板、风帘等）控制上隅角瓦斯；当瓦斯涌出量大时，应考虑采空区瓦斯抽采。如图 7-7 所示。

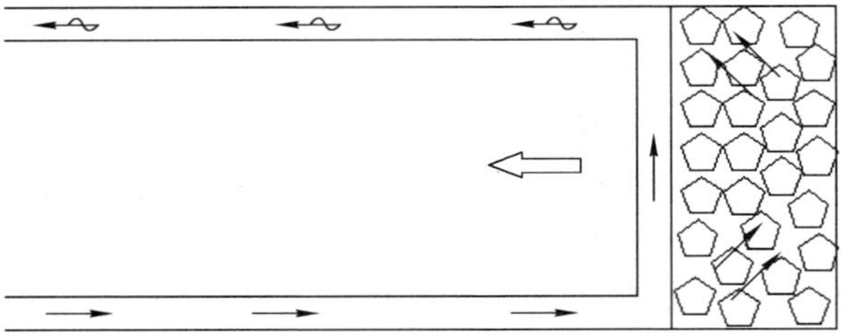

图 7-7　采煤工作面 U 形通风

(2) U+L 形通风：在 U 形通风方式的基础上，增开了一条专用排瓦斯尾巷（回风），并与回风巷之间需增开较多的联络巷，以便对采空区瓦斯进行抽排放。尾巷瓦斯浓度按不超过 2.5% 管理。这种方法提高了对采空区瓦斯的排放强度，减小了上隅角瓦斯积聚的危险性。但是，这种通风方式管理较复杂，需根据瓦斯涌出构成比例，确定主辅回风量比。U+L 形通风方式适用于采空区瓦斯涌出量较大（主要来源于邻近煤层），而工作面煤壁瓦斯涌出量不太大的工作面。如图 7-8 所示。

(3) Y 形通风：在回采工作面的上、下端各设一条进风道，另在采空区一侧设回风道。如图 7-9 所示。

(4) Y+L 形通风：当沿空留巷技术和经济不合理时采用。Y+L 形通风的特点是取消了采区边界上山和沿空留巷，使用留煤柱的区段巷道布置，但需增开联络巷和一条瓦斯尾巷。如图 7-10 所示。

（5）W 形通风：采煤工作面有 3 条平巷，即上平巷进风或回风、下平巷进风或回风以及中间平巷回风或进风。如图 7-11 所示。

（6）E 形通风：具有 3 条通风巷道，上平巷为回风巷，下平巷及中间平巷为进风巷。如图 7-11 所示。

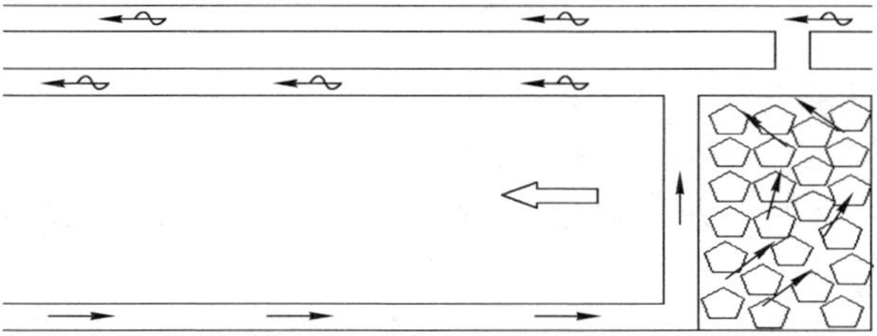

图 7-8 采煤工作面 U+L 形通风

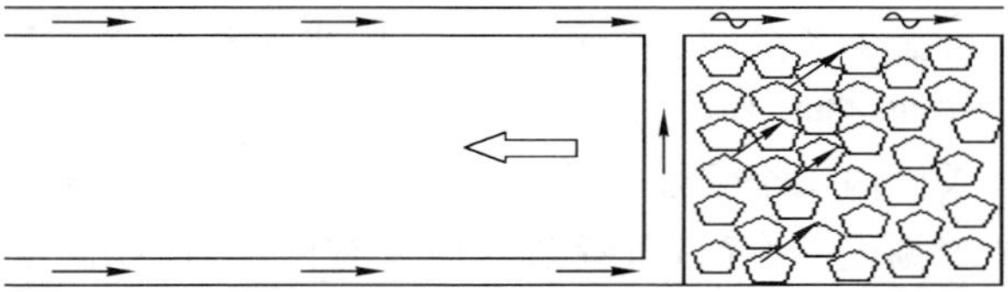

图 7-9 采煤工作面 Y 形通风

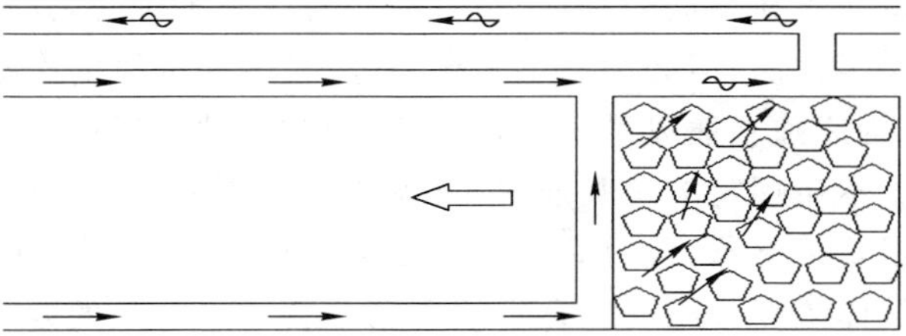

图 7-10 采煤工作面 Y+L 形通风

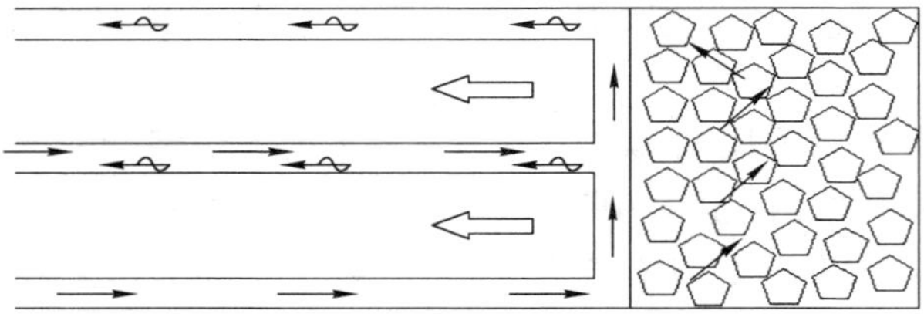

图 7-11　采煤工作面 E、W 形通风

2. 采区通风基本要求

《煤矿安全规程》对采区通风有以下要求。

第一百四十九条规定：生产水平和采（盘）区必须实行分区通风。

第一百四十二条规定：矿井必须有完整的独立通风系统。改变全矿井通风系统时，必须编制通风设计及安全措施，由企业技术负责人审批。

第一百五十条规定：采、掘工作面应当实行独立通风，严禁 2 个采煤工作面之间串联通风。

同一采区内 1 个采煤工作面与其相连接的 1 个掘进工作面、相邻的 2 个掘进工作面，布置独立通风有困难时，在制定措施后，可采用串联通风，但串联通风的次数不得超过 1 次。

采区内为构成新区段通风系统的掘进巷道或者采煤工作面遇地质构造而重新掘进的巷道，布置独立通风有困难时，其回风可以串入采煤工作面，但必须制定安全措施，且串联通风的次数不得超过 1 次；构成独立通风系统后，必须立即改为独立通风。

对于本条规定的串联通风，必须在进入被串联工作面的巷道中装设甲烷传感器，且甲烷和二氧化碳浓度都不得超过 0.5%，其他有害气体浓度都应当符合本规程第一百三十五条的要求。

开采有瓦斯喷出、有突出危险的煤层或者在距离突出煤层垂距小于 10 m 的区域掘进施工时，严禁任何 2 个工作面之间串联通风。

第一百四十六条规定：进风井口必须布置在粉尘、有害和高温气体不能侵入的地方。已布置在粉尘、有害和高温气体能侵入的地点的，应当制定安全措施。

第一百四十七条规定：新建高瓦斯矿井、突出矿井、煤层容易自燃矿井及有热害的矿井应当采用分区式通风或者对角式通风；初期采用中央并列式通风的只能布置一个采区生产。

第一百四十八条规定：矿井开拓新水平和准备新采区的回风，必须引入总回风巷或者主要回风巷中。在未构成通风系统前，可将此回风引入生产水平的进风中；但在有瓦斯喷出或者有突出危险的矿井中，开拓新水平和准备新采区时，必须先在无瓦斯喷出或者无突出危险的煤（岩）层中掘进巷道并构成通风系统，为构成通风系统的掘进巷道的回风，可以引入生产水平的进风中。上述2种回风流中的甲烷和二氧化碳浓度都不得超过0.5%，其他有害气体浓度必须符合本规程第一百三十五条的规定，并制定安全措施，报企业技术负责人审批。

第一百四十九条规定：生产水平和采（盘）区必须实行分区通风。准备采区，必须在采区构成通风系统后，方可开掘其他巷道；采用倾斜长壁布置的，大巷必须至少超前2个区段，并构成通风系统后，方可开掘其他巷道。采煤工作面必须在采（盘）区构成完整的通风、排水系统后，方可回采。高瓦斯、突出矿井的每个采（盘）区和开采容易自燃煤层的采（盘）区，必须设置至少1条专用回风巷；低瓦斯矿井开采煤层群和分层开采采用联合布置的采（盘）区，必须设置1条专用回风巷。采区进、回风巷必须贯穿整个采区，严禁一段为进风巷、一段为回风巷。

第一百五十三条规定：采煤工作面必须采用矿井全风压通风，禁止采用局部通风机稀释瓦斯。采掘工作面的进风和回风不得经过采空区或者冒顶区。无煤柱开采沿空送巷和沿空留巷时，应当采取防止从巷道的两帮和顶部向采空区漏风的措施。矿井在同一煤层、同翼、同一采区相邻正在开采的采煤工作面沿空送巷时，采掘工作面严禁同时作业。水采和连续采煤机开采的采煤工作面由采空区回风时，工作面必须有足够的新鲜风流，工作面及其回风巷的风流中的甲烷和二氧化碳浓度必须符合本规程第一百七十二条、第一百七十三条和第一百七十四条的规定。

第一百五十五条规定：控制风流的风门、风桥、风墙、风窗等设施必须可靠。不应在倾斜运输巷中设置风门；如果必须设置风门，应当安设自动风门或者设专人管理，并有防止矿车或者风门碰撞人员以及矿车碰坏风门的安全措施。开采突出煤层时，工作面回风侧不得设置调节风量的设施。

3. 回采工作面上行风与下行风分析

回采工作面进风巷道水平低于回风巷道，风流沿工作面倾斜向上流动即为上行风；反之则为下行风。

下行风方向与瓦斯自然流向相反，更易于混合，不易出现瓦斯积聚。但是，下行风把工作面瓦斯、粉尘带入运输巷道，使运输巷道瓦斯、煤尘浓度增大。上行风方向与煤炭运输方向相反，易造成煤尘飞扬，故上行风比下行风工作面风流中的煤尘浓度大；上行风比下行风工作面的气温要高。

试验得出，在相同条件下，无论是采用上行风还是下行风，回风巷道都要比进风巷道的顶板瓦斯涌出大，而且采用下行风时，运输设备在回风巷道运转，安全性差。

《煤矿安全规程》第一百五十二条规定：有突出危险的采煤工作面严禁采用下行通风。

（四）矿井总风量

（1）矿井总风量：

$$Q_{矿} = K\left(\sum Q_{采} + \sum Q_{掘} + \sum Q_{硐}\right)$$

式中，K 一般为 1.2～1.5。

(2) 掘进工作面风量：不低于 40 m^3/min。

(3) 煤巷最低风速：不低于 0.25 m/s。

(4) 岩巷最低风速：一般不低于 0.15 m/s。

(5) 井下每人每分钟供风：不低于 4 m^3/min。

(6) 按炸药量计算，每千克炸药爆炸后所需风量不低于 25 m^3/min。

(五) 通风建构筑物

在矿井正常生产中，为保证风流按设计的路线定向、定量流动，在灾变时期仍然能维持正常通风或便于风流调度，在通风系统中设置一系列构筑物，这些构筑物称为通风设施。按作用不同，通风设施可分为引导风流的设施、隔断风流的设施与调节控制风量的设施。煤矿井下常见的通风设施主要有风桥、密闭、风门、风窗、风墙等。

1. 风桥

应在进风与回风平面相遇的地点设置风桥，构成立体交叉风路，使进风与回风分开，互不相混。如图 7-12 所示。

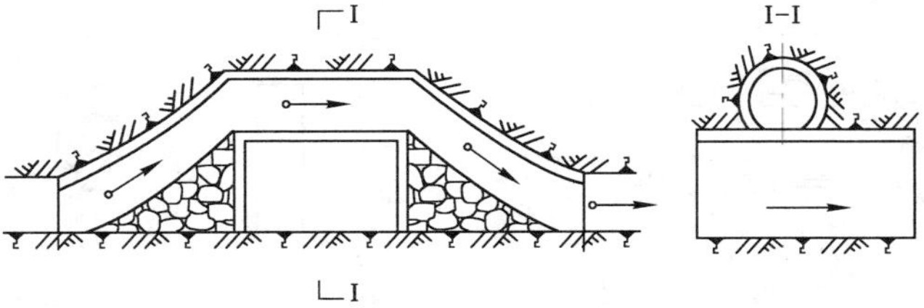

图 7-12　风桥

2. 密闭

在需要堵截风流和交通的巷道内，须设置密闭。按服务年限长短不同，密闭分为永久性和临时性两种。如图 7-13 所示。

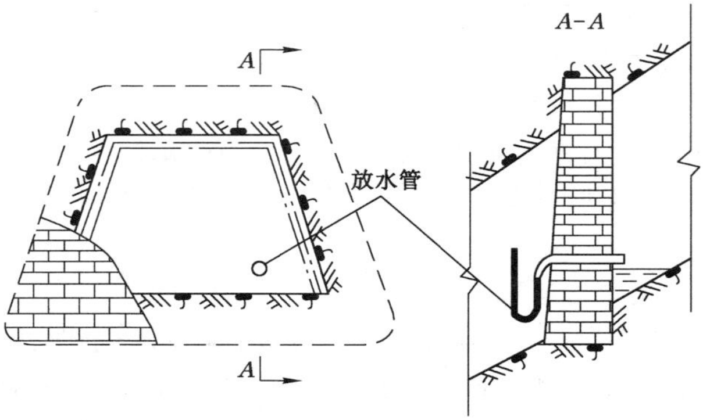

图 7-13　密闭

3. 风门

在人员和车辆可以通行、风流不能通过的巷道中，至少要建立2道风门，其间距要大于运输工具长度，以便一道风门开启时，另一道风门是关闭的。风门分为普通风门和自动风门。如图 7-14所示。

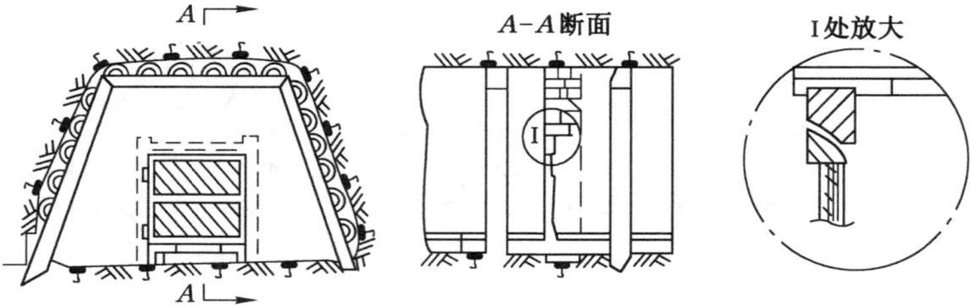

图 7-14　风门

（六）通风网络

矿井通风系统是由纵横交错的井巷构成的一个复杂系统。用图论的方法对通风系统进行抽象描述，把通风系统变成一个由线、点及其属性组成的系统，称为通风网络。

通风网路通常由众多的分支及回路所组成，按各分支联结形式不同，可分为串联、并联、简单角联和复杂联结等。

串联网络：前一井巷的出风端和下一井巷的进风端相接，这样的通风网络称为串联网络。如图 7-15 所示。

并联网络：两条或两条以上的通风井巷的进风端在同一点分开，它们的出风端又在同一点会合，这样的通风网络称为并联网络。如图 7-16 所示。

角联网络：两条分路组成的并联系统中，若有一条以上的井巷横跨于两个并联巷道上构成的系统称为角联系统，其网络图称为角联网络。横跨于并联分路上的井巷，称为对角巷或对角风路。

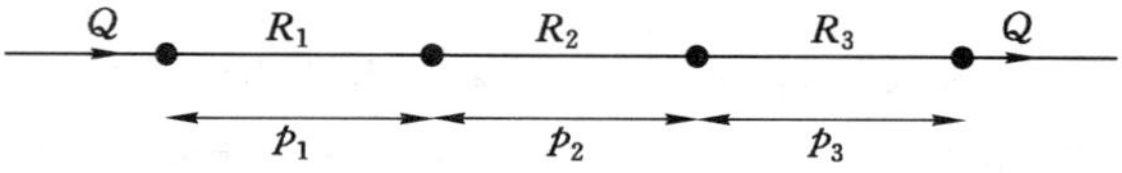

图 7-15　串联

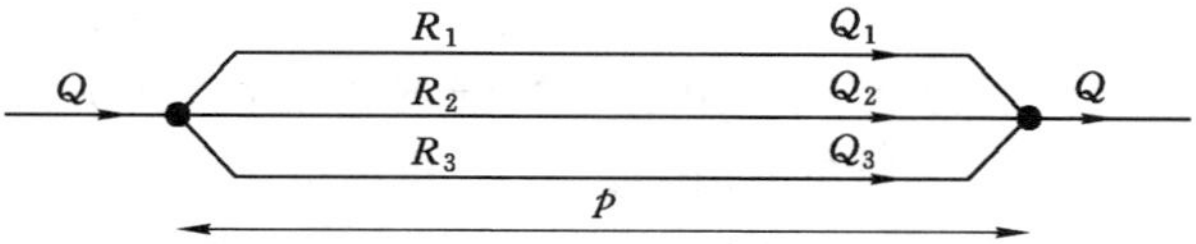

图 7-16　并联

六、矿井通风系统安全检查重点

矿井通风系统担负着向井下输送足量新鲜空气供人员呼吸，排除井下瓦斯煤尘及有害气体，以及创造井下良好作业条件的重要任务。对矿井通风系统安全检查的重点如下。① 通风系统的完善性：矿井必须采用机械通风，有完备的通风系统；② 通风系统的可靠性：必须供给井下足量的新鲜空气，保证井下风流连续、稳定、可靠；③ 矿井通风管理的有效性：应适应矿井安全生产和矿井合理通风的要求。

第二节　矿井瓦斯防治

一、矿井瓦斯基本知识

（一）矿井瓦斯的概念

矿井瓦斯是指矿井中主要以甲烷为主的有害气体，有时单独指甲烷。

瓦斯是伴随着煤的形成而生成的，在生成 1 t 煤的同时，约生成 1 000 m^3 以上的瓦斯气体。经过漫长的历史，大部分瓦斯气体释放到了空气中，只有少部分瓦斯气体仍留在煤体和围岩体中。煤层埋藏浅，顶板透气性好，保留下来的瓦斯量较少；而煤层埋藏深，顶板完整，透气性不好，保留下来的瓦斯量就多。

（二）矿井瓦斯的基本性质

瓦斯是一种无色、无味、无嗅的气体。在标准状态下，1 m^3 甲烷的质量为 0.716 kg，而空气的质量为 1.293 kg，因此，甲烷比空气轻，其相对密度为 0.554；甲烷有很强的扩散性，其扩散速度是空气的 1.34 倍；甲烷有很强的渗透性，其渗透能力是空气的 1.6 倍；甲烷的热容量较大，是空气的 2.5 倍；甲烷具有燃烧性和爆炸性，易积聚于空间的顶部。

（三）瓦斯的赋存状态

瓦斯在煤层及围岩中的赋存状态分为游离状态和吸附状态。游离状态的瓦斯以自由气体状态存在于煤层或围岩的空隙之中，占 10%～20%。吸附状态的瓦斯按照结合形式不同，又分为吸着状态和吸收状态，吸附状态的瓦斯占 80%～90%。如图 7-17 所示。

煤体中瓦斯存在的状态不是固定不变的，而是处于动平衡状态，随压力、温度变化而进行不断转化。

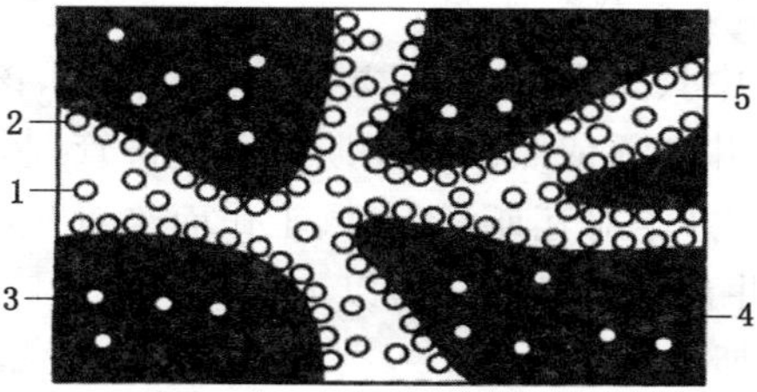

1—自由瓦斯；2—吸附瓦斯；3—结合瓦斯；4—煤体；5—孔隙。

图 7-17　煤体内瓦斯的赋存状态

（四）矿井瓦斯涌出

由受采动影响的煤层、岩层，以及由采落的煤、矸石向井下空间均匀地放出瓦斯的现象，就是瓦斯涌出。瓦斯涌出分为普通涌出和特殊涌出。

普通涌出：瓦斯从采落的煤及煤和岩层的空隙中，缓慢地长时间地涌出。这是瓦斯涌出的主要形式。

特殊涌出：瓦斯在极短的时间内，突然地、大量地喷出或突出，有时还伴随有煤、岩突出，这就是特殊涌出。特殊涌出是很危险的。

（五）矿井瓦斯涌出量

绝对瓦斯涌出量：矿井单位时间内涌出的瓦斯量；其单位为 m^3/min。

相对瓦斯涌出量：在正常生产情况下，一个月平均产 1 t 煤所涌出的瓦斯量；其单位为 m^3/t。

（六）矿井瓦斯等级划分

1. 瓦斯等级划分类型

根据《煤矿安全规程》规定，矿井瓦斯等级划分为：煤（岩）与瓦斯（二氧化碳）突出矿井（以下简称突出矿井）；高瓦斯矿井；瓦斯矿井。

2. 瓦斯等级划分条件

一个矿井中只要有一个煤(岩)层发现瓦斯,该矿井即为瓦斯矿井。瓦斯矿井必须依照矿井瓦斯等级进行管理。根据矿井相对瓦斯涌出量、矿井绝对瓦斯涌出量、工作面绝对瓦斯涌出量和瓦斯涌出形式,矿井瓦斯等级划分为以下几种。

(1) 低瓦斯矿井。

同时满足下列条件的为低瓦斯矿井:① 矿井相对瓦斯涌出量不大于 10 m^3/t;② 矿井绝对瓦斯涌出量不大于 40 m^3/min;③ 矿井任一掘进工作面绝对瓦斯涌出量不大于 3 m^3/min;④ 矿井任一采煤工作面绝对瓦斯涌出量不大于 5 m^3/min。

(2) 高瓦斯矿井。

具备下列条件之一的为高瓦斯矿井:① 矿井相对瓦斯涌出量大于 10 m^3/t;② 矿井绝对瓦斯涌出量大于 40 m^3/min;③ 矿井任一掘进工作面绝对瓦斯涌出量大于 3 m^3/min;④ 矿井任一采煤工作面绝对瓦斯涌出量大于 5 m^3/min。

③ 突出矿井。

在矿井井田范围内发生过煤(岩)与瓦斯(二氧化碳)突出的煤(岩)层,或者经鉴定、认定为有突出危险的煤(岩)层为突出煤(岩)层。在矿井的开拓、生产范围内有突出煤(岩)层的矿井为突出矿井。

煤矿发生生产安全事故,经事故调查认定为突出事故的,发生事故的煤层直接被认定为突出煤层;该矿井被认定为突出矿井。

二、瓦斯爆炸及其预防

瓦斯爆炸是煤矿生产中最严重的灾害之一,每年都因此造成大量的人员伤亡和财产损失。1942 年 4 月 26 日,日本帝国主义统治下的辽宁本溪煤矿发生的瓦斯煤尘爆炸事故,造成 1 549 人死亡、146 人受伤,成为世界煤矿开采史上最大的伤亡事故。中华人民共和国成立以来，我国发生一次死亡100人以上的瓦斯爆炸事故20余起，其中陕西省发生过2起死亡百人以上的瓦斯爆炸事故，分别为1975年5月11日焦坪煤矿前卫斜井瓦斯、煤尘爆炸，死亡101人；2004年11月28日陈家山煤矿瓦斯爆炸，死亡166人。近年来，瓦斯爆炸事故虽已逐渐减少，但还没有完全杜绝。为此，掌握瓦斯规律和防止爆炸措施，极为重要。

（一）瓦斯爆炸的条件

（1）瓦斯浓度达到5%～16%。

（2）存在有高温引爆的火源（点火温度为650～750 ℃）。

（3）氧气含量在12%以上。

瓦斯爆炸就是在火源条件下空气中的氧气与甲烷进行剧烈氧化反应的结果。

（二）瓦斯爆炸的危害

（1）产生瞬间高温。

瓦斯爆炸时产生的瞬间高温可达1 850～2 650 ℃，不仅会烧伤人员、烧毁设备，还可能引起井下火灾、煤尘爆炸或瓦斯的连续爆炸，使灾情进一步扩大。

（2）产生高压气浪、冲击波。

瓦斯爆炸后所产生的压力约为爆炸前空气压力的9～10倍。爆炸冲击波速度可达每秒几百米甚至上千米，并伴有正向冲击和反向冲击，不仅会伤害人员，而且会毁坏巷道和设施、设备，造成矿难。

（3）产生大量有毒、有害气体。

据测定，瓦斯爆炸后产生的一氧化碳浓度可达2%～4%，二氧化碳浓度高达4%～8%，而氧气浓度减少到6%～9%。研究显示，在瓦斯爆炸事故中，大量的人员是由于一氧化碳中毒而死亡的。

（三）瓦斯爆炸的影响因素

（1）可燃性气体。

瓦斯中混入可燃性气体（氢气、硫化氢、一氧化碳），增加了爆炸性混合气体的总浓度，使瓦斯爆炸界限扩大。

（2）爆炸性煤尘。

爆炸性煤尘加入瓦斯与空气的混合气体中，使瓦斯的爆炸下限降低，爆炸的危险性增大。

（3）惰性气体。

惰性气体的加入，会相对降低混合气体中氧的含量，使瓦斯爆炸的危险性减小。

（4）混合气体的初始压力和初始温度。

压力越大，瓦斯爆炸的界限越大。混合气体的初始温度越高，爆炸的界限越大。

（5）瓦斯浓度。

不同的瓦斯浓度所需的引火温度也不同。瓦斯浓度在7％～8％时，其引火温度最低。高于这个浓度，所需引火温度会升高。这是因为瓦斯的热容量较大、吸收的热量较多。当瓦斯浓度过低时，也不易引燃，所需引火温度也较高。

（6）火源性质。

不同火源有不同的性质，火源的温度、存在时间及表面积都不同，而这些因素能对瓦斯爆炸的引火温度产生很大的影响。

（四）瓦斯爆炸的原因分析

瓦斯爆炸事故统计资料表明，矿井内任何地点都有发生瓦斯爆炸的可能性，但90％以上的瓦斯爆炸发生在采掘工作面，其中煤巷掘进工作面发生的瓦斯爆炸事故次数大于采煤工作面。瓦斯爆炸主要是由三个方面的因素促成的，即瓦斯积聚、引爆火源和管理因素。

（1）瓦斯积聚。

瓦斯积聚是指采掘工作面及其他地点，体积大于 0.5 m^3 的空间内积聚的瓦斯浓度达到或超过 2%的现象。

引起瓦斯积聚的原因是多方面的，如局部通风机停止运转；风筒断开或严重漏风；采掘工作面风量不足；局部通风机出现循环风；风流短路；通风系统不合理、不完善；采空区或盲巷中突然压出；瓦斯涌出异常；巷道支架背后空间及高顶区瓦斯积聚；局部地点瓦斯积聚等。

(2) 引爆火源。

火源主要有明火、电火花、爆破火花、撞击火花、摩擦火花、静电火花等。这些火源在井下是很难控制的。

(3) 管理因素。

管理上存在的缺陷以及某些作业人员的违章失职也是瓦斯爆炸的主要原因之一。

(五) 瓦斯爆炸的预防措施

(1) 防止瓦斯积聚的措施：加强通风管理；及时处理局部瓦斯积聚。《煤矿安全规程》规定：采掘工作面及其他巷道内，体积大于 0.5 m^3 的空间内积聚的甲烷浓度达到 2.0%时，附近 20 m 内必须停止工作，撤出人员，切断电源，进行处理。

(2) 防止引爆火源的措施：防止明火；防止爆破火焰；防止电火花、摩擦和静电火花；防止其他火源。

(3) 防止瓦斯爆炸扩大的措施：编制和贯彻执行“矿井灾害预防与处理计划”；安设安全装置；安设防爆门；安设反风装置；安设隔爆设施(隔爆水袋、水棚，隔爆岩粉棚，自动隔爆棚)；佩戴自救器等。

(4) 加强瓦斯监测、监控与检查：安设瓦斯监控设备、甲烷风电闭锁装置、甲烷断电仪、便携式甲烷检测报警仪等。

三、瓦斯喷出与突出

(一) 瓦斯喷出

大量承压状态瓦斯从可见的煤、岩裂缝中快速喷射涌出的现象叫瓦斯喷出。

一旦发生瓦斯喷出，可以造成局部地区瓦斯积聚，甚至使采区或矿井的一翼充满高浓度瓦斯，致使人员窒息，也可能引起瓦斯爆炸或火灾等事故。

对于瓦斯喷出，要切实做好以下预防措施。

(1) 加强地质工作。施工前一定要通过前探钻孔探明采掘区域与岩巷（井）前方的地质构造、溶洞裂缝的位置分布以及瓦斯的储量。

(2) 利用封堵、引排、抽采等综合方法处理瓦斯。当瓦斯喷出量小，煤（岩）裂缝不大时，可用罩子或其他设施（铁风筒、金属溜槽、2～3 mm 厚的铁板等）将喷出裂隙封盖好，并利用管路把瓦斯引排到回风巷或地面。如果面积大，可以安设数个引排罩。

当瓦斯喷出十分强烈，采用上述方法无效时，必须把喷出瓦斯巷道密闭，通过密闭墙把瓦斯抽出或引到回风巷。

(3) 加强管理工作。加强职工安全教育，每位从业人员都必须掌握瓦斯喷出预兆相关知识、配备隔绝式自救器、熟悉避灾路线。

(二) 瓦斯突出

在煤矿井下由于地应力和瓦斯（二氧化碳）压力的共同作用，在极短的时间内，瓦斯（二氧化碳）、破碎的煤由煤体或岩体内突然向采掘空间抛出的异常动力现象，称为煤与瓦斯突出。

当发生煤与瓦斯突出时，采掘工作面的煤壁将遭到破坏，大量的煤与瓦斯将从煤层内部以极快的速度向巷道或采掘空间喷出，充塞巷道，煤层中会形成孔洞，同时由于伴随有强大的冲击力，巷道设施会被摧毁，通风系统会被破坏，甚至发生风流逆转，还可能造成人员窒息和瓦斯爆炸、燃烧及煤流埋人事故。

按突出强度不同，瓦斯突出分为：小型突出，100 t 以内；中型突出，100（含）～500 t；大型突出；5 00（含）～1 000 t；特大型突出：

1 000 t 及以上。

煤矿开采深度越深,瓦斯瞬间释放的能量就越大。煤与瓦斯突出主要发生在煤层平巷掘进、上山掘进和石门揭煤时,有的矿井在回采工作面也发生煤与瓦斯突出。

（三）煤与瓦斯突出的预兆

1. 有声预兆

有声预兆主要指响煤炮。由于各矿区、各采掘工作面的地质条件、采掘方法、瓦斯及煤质特征的不同,所以预兆声音的大小、间隔时间,在煤体内发出的响声也不同。有的像炒豆似的噼噼啪啪声;有的像鞭炮声;有的像机关枪连射声;有的似闷雷、嘈杂声、沙沙声、嗡嗡声以及气体穿过含水裂缝时的吱吱声等。

2. 无声预兆

无声预兆在煤层结构构造方面表现为:煤层层理紊乱,煤变软、变暗淡、无光泽,煤层干燥和煤尘增大,煤层受挤压,褶曲变粉碎,厚度变大,倾角变陡。

无声预兆在地压显现方面表现为:压力增大,支架变形,煤壁外鼓、片帮、掉砟、顶底板出现凸起台阶断层,波状鼓起手扶煤壁感到振动冲击,炮眼变形装不进药,打眼时垮孔、夹钻等。

3. 其他方面的预兆

瓦斯涌出异常,忽大忽小,煤尘增大,空气气味异常,闷人,有时变热。

上述的许多预兆只有在特别明显时,才能为人们所察觉,而且往往难以判断是否将要发生突出。为了更准确地掌握煤与瓦斯突出预兆的发生规律,国内外都在研究、试验比较可靠的探测突出预兆的仪器,如探测煤、岩在受力破坏过程中发生破裂与振动时产生各种物理信号,如震波、声波、电磁波等,并以其作为预测煤与瓦斯突出新技术手段。

（四）煤与瓦斯突出的一般规律

（1）地质构造是发生突出的主要位置。

（2）地压是发生突出的主要动力。

（3）瓦斯是抛出煤体完成突出过程的主要动力。

（4）煤的物理力学性质决定突出发生的难易程度。

（五）煤与瓦斯突出的预防措施

在实践中，我们总结了一套行之有效的综合防突措施，习惯上称为“四位一体”的防突措施，即突出危险性预测、防治突出措施、防治突出措施的效果检验和安全防护措施。

采煤工作面、煤巷掘进工作面煤与瓦斯突出危险性预测的方法包括：综合指标法、钻屑指标法、孔瓦斯涌出速度法、R 值指标法等。

四、煤矿瓦斯抽采

（一）瓦斯抽采

为了减少和消除矿井瓦斯对煤矿安全生产的威胁，利用机械设备和专用管道，将煤层中瓦斯抽出来释放或利用的做法，叫瓦斯抽采。

（二）瓦斯抽采的目的、作用及意义

瓦斯抽采的目的是减少和消除瓦斯威胁，保证煤矿生产的安全性。瓦斯抽采的作用及意义主要表现在三个方面：可以减少开采时的瓦斯涌出量，从而可减少瓦斯隐患和瓦斯事故；可以减小通风负担，降低通风费用，解决通风难以解决的问题；可以“变害为利”“变废为宝”，节约煤炭，保护环境，获得可观的经济效益。

（三）瓦斯抽采的必要条件

我国是以矿井瓦斯涌出量的大小作为瓦斯抽采的基本条件的。瓦斯抽采总的原则是，如果利用通风方法不能够将涌出的瓦斯稀释到《煤矿安全规程》允许的安全浓度，就必须考虑进行瓦斯抽采；否则，可以不考虑瓦斯抽采。

《煤矿安全规程》第一百八十一条规定：突出矿井必须建立地面永久抽采瓦斯系统。有下列情况之一的矿井，必须建立地面永久抽采瓦斯系统或者井下临时抽采瓦斯系统：① 任一采煤工作面的瓦斯涌出量大于 5 m^3/min 或者任一掘进工作面瓦斯涌出量大于 3 m^3/min，用通风方法解决瓦斯问题不合理的。② 矿井绝对瓦斯涌出量达到下列条件的：大于或者等于 40 m^3/min；年产量 1.0～1.5 Mt 的矿井，大于 30 m^3/min；年产量 0.6～1.0 Mt 的矿井，大于 25 m^3/min；年产量 0.4～0.6 Mt 的矿井，大于 20 m^3/min；年产量小于或者等于 0.4 Mt 的矿井，大于15 m^3/min。

（四）瓦斯抽采系统

矿井瓦斯抽采系统由瓦斯泵、抽采管路、安全装置、检测仪表等部分组成。

1. 瓦斯泵

瓦斯泵是抽采瓦斯的动力设施。我国煤矿抽采瓦斯通常采用两种类型的瓦斯泵，即水环式真空泵和高压离心式鼓风机。水环式真空泵负压高、流量小，适用于抽出量不大、要求抽采负压高的矿井。高压离心式鼓风机排气量大、负压低，适用于大管径、大流量的抽采。水环式真空泵安全性好，加上一般矿井都要求较高的抽采负压，所以使用较广泛。

2. 抽采管路

由管路连接各个抽采钻孔，汇集瓦斯输送至瓦斯抽采泵，组成瓦斯抽采系统。抽采管路一般分为主管、干管和支管。瓦斯抽采管路的布置由矿井巷道布置而定，应尽量将抽采管路设于回风道，以避免管路损坏时影响矿井安全。在瓦斯抽采管路的主管、干管及支管上要安装控制阀门及流量计等。

3. 安全装置

安全装置的作用是防堵塞和防爆炸。安全装置有放水器、防回火网和水封式防爆防回火装置（“三防装置”）等。

此外，瓦斯抽采系统中必须有检测抽采管道的瓦斯浓度、流量、压力等参数的仪表或自动监测系统。《煤矿安全规程》第一百八十四条规定：采用干式抽采瓦斯设备时，抽采瓦斯浓度不得低于25%；抽采的瓦斯浓度低于30%时，不得作为燃气直接燃烧。

第三节　矿井粉尘防治

粉尘是煤矿井下任何工作地点和地面井口房、选煤厂都具有的一种有害物质，是煤矿五大灾害之一。它不仅影响从业人员的身体健康，而且大多数煤尘具有爆炸性，严重威胁着煤矿的安全生产。在生产过程中长期吸入生产性粉尘能引起以肺组织纤维化为主的尘肺病。因此，必须采取综合防尘措施和预防、隔绝煤尘爆炸的措施，减少对矿工造成的危害。

一、粉尘的基本概念

粉尘是指煤矿生产过程中所产生的各种矿物微粒的总称。飘在空中的叫浮沉，落下来的叫落尘。粉尘浓度是指单位空气体积中所含有的粉尘量，用“mg/m^3”表示。

煤矿生产过程中的各个环节都会产生粉尘，如钻眼作业，凿岩机或煤电钻打眼、打锚杆眼等；炸药爆破；采煤机采煤、装煤和掘进机掘进；采场支护、放顶；巷道支护，特别是喷射混凝土施工；装载、运输、转载、卸载和提升；通风安全设施的构筑等都会产生粉尘。

二、粉尘的分类

（一）按矿物成分划分

（1）煤尘、岩尘。

（2）矽尘：二氧化硅含量大于10%。

（3）水泥尘：拌合或喷射混凝土施工时的粉尘。

（二）按对人的危害划分

（1）普通尘：粒径为5 μm～1 mm。这类尘一般不能进入人的肺部。

(2) 呼吸性粉尘：简称呼尘，粒径在 5 μm 以下，能进入人的肺部。

粒径大于 1 mm 的粉尘一般飞不起来，不会有危害。

《煤矿安全规程》规定，作业场所空气中粉尘（总粉尘、呼吸性粉尘）浓度应当符合表 7-8 的要求，不符合要求的，应当采取有效措施。

表 7-8　作业场所空气中粉尘浓度要求

粉尘种类	游离 SiO_2 的含量	时间加权平均容许浓度/(mg · m^{-3})	
		总尘	呼尘
煤尘、岩尘	<10%	4	2.5
矽尘	10%～50%	1	0.7
	50%～80%	0.7	0.3
	≥80%	0.5	0.2
水泥尘	<10%	4	1.5

注：时间加权平均容许浓度是以时间加权数规定的 8 h 工作日、40 h 工作周的平均容许接触浓度。

三、粉尘的危害

(1) 污染劳动环境，降低了生产环境的可见度，影响劳动效率和操作安全。

(2) 对人的危害。矿工长期吸入大量粉尘，轻者可引起呼吸道炎症，重者将引发尘肺病。

(3) 具有爆炸性的煤尘，在一定条件下能燃烧和爆炸，从而造成重大事故。

(4) 缩短设备、仪器的寿命。煤尘可加速机械的磨损，减少仪器的使用寿命。

因此，认真做好粉尘防治，是矿井安全生产管理中必不可少的工作。

四、煤尘爆炸的条件

煤尘爆炸必须同时具备以下三个条件。

(1) 煤尘具有爆炸性(煤尘本身具有的性质)。

(2) 煤尘爆炸的浓度：下限浓度为 45～50 g/m^3，上限浓度为 1 500～2 000 g/m^3。

(3) 高温引爆火源，温度条件一般为 610～1 050 ℃，最易爆炸的温度范围为 700～900 ℃。

五、煤尘爆炸的危害

(1) 产生高温。爆炸火焰瞬间温度高达 2 300～2 500 ℃。

(2) 产生高压。爆炸理论压力为 736 kPa，实验压力为 0.5～1.0 MPa。爆炸冲击波扬起积尘，可引起连续爆炸。

(3) 产生大量的有害气体，可使空气中一氧化碳含量高达 2%～4%，二氧化碳含量高达 4%～8%等，氧气含量则下降到 6%～8%。

六、影响煤尘爆炸的主要因素

煤的挥发分含量、灰分和水分，煤尘粒度、瓦斯浓度、氧气含量和引爆热源等都能影响煤尘爆炸。

七、煤尘爆炸的预防

(一) 综合防尘措施

《煤矿安全规程》第六百四十四条规定：没有防尘供水管路的采掘工作面不得生产。主要运输巷、带式输送机斜井与平巷、上山与下山、采区运输巷与回风巷、采煤工作面运输巷与回风巷、掘进巷道、煤仓放煤口、溜煤眼放煤口、卸载点等地点必须敷设防尘供水管路，并安设支管和阀门。防尘用水应当过滤。水采矿井不受此限。

目前，我国煤矿井下主要采用以通风和注水为主的综合防尘技术。

1. 通风除尘

通风除尘是用通风的方式将井下悬浮粉尘排出，降低作业场所的粉尘浓度。经试验得知，最低排尘风速为 0.25～0.5 m/s，最优排尘风速为 1.2～1.6 m/s。当风速大于此风速时，就有二次扬尘的作用，风速越高扬尘作用越强。

2. 煤层注水

预先在干燥的煤体中打眼注入高压水，预湿煤体，可降低采掘时大量的煤尘。

3. 湿式作业

湿式作业包括湿式打眼、水炮泥爆破、爆破前后喷雾洒水、洒水装煤(岩)，以及利用综采、综掘内外喷雾系统降尘。

4. 清扫积尘

定期或不定期对井下环境中的积尘进行清扫、冲洗。

5. 装载点设水幕、水帘

在各运输装载点或重要进、回风巷道设置必要的水幕、水帘，以净化风流，实现降尘。

(二) 消灭引爆火源

预防煤尘爆炸，除了降尘而外，消灭火源也是关键。

1. 加强明火管理，提高防火意识

严禁携带烟草、点火物品和穿化纤衣服入井；井下严禁使用电炉和灯泡取暖，不得从事电焊、气焊和喷灯等；新工人入井前必须进行防火、防爆的安全教育，提高他们的安全意识。

2. 防止瓦斯引燃

预防并及时处理瓦斯超限积聚，防止瓦斯燃烧引起煤尘爆炸也是消除煤尘引爆火源的一个重要方面。

3. 严格爆破管理

在有瓦斯、煤尘爆炸危险的煤层中，采掘工作面爆破必须使用煤矿许用雷管和炸药；使用合格的发爆器爆破；井下爆破工作必须由专职的爆破工担任；爆破前必须充填好炮泥；严禁放明炮、糊炮；严禁超量装药等。

4. 防止出现电火花

井下严禁带电检修、带电搬迁电气设备及电缆、电线。井下供电应做到无“鸡爪子”、“羊尾巴”和明接头，有过电流、漏电保护和保护接地装置；应坚持使用检漏继电器，坚持使用煤电钻综合保护，坚持使用局扇风电闭锁。矿灯发放前应保证完好，在井下严禁敲打、撞击矿灯，严禁私自拆开矿灯。

5. 防止出现摩擦和撞击火花

随着井下机械化程度的日益提高，机械摩擦、撞击火花相应增加。这主要是违章操作所致，因此禁止违章操作是关键。

（三）隔爆措施

防止煤尘爆炸危害，除采取防尘措施外，还应采取降低爆炸威力、隔绝爆炸范围的措施，以防止爆炸灾害扩大。隔爆措施包括设置水槽棚和水袋棚，设置岩粉棚，利用各种传感器设置成自动隔爆棚等。

第四节　矿井火灾防治

火对于人类从来说既有利也有害。火促进了人类文明的发展，推动了社会的进步，但人们如果对火失去控制，火就会给人类造成灾害。通常把违背人们意愿而发生的非控制性燃烧，称为火灾。火灾往往造成巨大的经济损失和众多的人员伤亡，造成不良的社会影响。

发生在矿井下或地面进口附近、威胁矿井安全生产、形成灾害的一切非控制燃烧，称为矿井火灾。矿井火灾是煤矿五大灾害之一。

一、矿井火灾的分类和特点

1. 矿井火灾的分类

(1) 外因火灾：由外来热源引起可燃物燃烧的火灾。

(2) 内因火灾：由煤自燃引起的火灾。

2. 矿井火灾的特点

(1) 外因火灾的特点：发生突然，来势凶猛，常出人意料之外，燃烧在表面，如果发现及时很容易扑灭。

(2) 内因火灾的特点：往往有一个孕育过程，有预兆，可早期发现，但火源隐蔽，很难发现也难以扑灭。

二、矿井火灾的危害

(1) 产生大量有害气体。井下发生火灾后，会生成大量有毒有害气体，特别是一氧化碳、二氧化碳、二氧化硫、烟尘等。这些有毒有害气体随风流动，有时可能波及相当大的区域甚至整个矿井，从而伤及井下工作人员。据统计，在矿井火灾事故中的遇难者95％以上是死于烟雾中毒。

(2) 停产。井下一旦发生火灾，就会造成局部或全矿停产，损失很大。

(3) 封闭火区冻结了大量可采煤量，缩短了矿井的寿命。

(4) 烧毁设备和煤炭，经济损失巨大。矿井火灾往往会烧毁大量采掘运输设施、设备，或因封闭火区和灭火材料的腐蚀，所封设备部分或全部报废。另外，灭火时会消耗大量的人、财、物，损失巨大。

(5) 引起瓦斯、煤尘爆炸事故。井下一旦发生火灾，便为瓦斯、煤尘爆炸提供了火源。

(6) 如果产生火风压，将破坏通风系统，扩大事故，损失会更大。

(7) 污染环境。大量煤炭烧毁，释放出大量有害气体，造成大范围的酸雨和温室效应；浅部煤田火区的高温使地表变成寸草不生的塌陷区，造成土地荒漠化。此外，火区燃烧生成的酸碱化合物对地表水和地下水也会造成污染。

三、外因火灾及其预防

（一）外因火灾发生的原因

（1）明火。如井下吸烟、焊接，使用电炉、大灯泡取暖等。

（2）电火花。电火花常因电气设备性能不良、管理不善而产生。

（3）违章爆破。如不按爆破规定和爆破说明书爆破，包括放明炮、糊炮，用动力电源爆破，不装炮泥，炮眼深度不够等。

（4）瓦斯、煤尘爆炸。爆炸后可产生瞬间高温，从而点燃可燃物。

（5）机械摩擦、物体撞击而引燃可燃物。

（二）外因火灾的预防措施

预防外因火灾的措施，关键是严格遵守《煤矿安全规程》的有关规定，及时发现火灾的初期征兆，迅速控制火灾的发展，积极采取措施扑灭。

1. 使用不燃或耐燃材料

新建矿井的永久井架和井口房，以井口为中心的联合建筑，必须采用不燃性材料建筑。井下使用的汽油、煤油和变压器油，必须装入盖严的铁桶内，由专人押送至使用地点；剩余的汽油、煤油和变压器油必须返回地面，严禁在井下存放。井下使用的润滑油、棉纱、布头和纸等，必须放在有盖的铁桶内，并由专人定期送到地面处理，不得乱放乱扔；严禁将剩油、废油泼洒在井巷或硐室内。

2. 杜绝高温热源、加强明火管理

井口房和风机房附近 20 m 内，不得有烟火或用火炉取暖；井下严禁使用灯泡取暖或使用电炉；井下和井口房不得从事电焊、气焊和喷灯作业，如果要用，必须制定安全技术措施，经矿长批准，由矿长指定专人在现场检查和监督。

3. 加强火灾的检测监控

有效的检测监控能够及早识别初期火灾,并发出报警,使火灾被扑灭于萌芽时期,从而最大限度地减小损失。监测系统配合自动灭火系统使用更能达到此目的。

4. 建立健全消防系统

(1) 生产和在建矿井都必须建造井上、下防火设施,并必须符合国家有关规定,还要符合当地消防部门的要求。

(2) 木料场、矸石山、炉灰场距进风井的距离不得小于 80 m,木料场与矸石山的距离不得小于 50 m。

(3) 矿井必须建造地面消防水池和井下消防管路系统。井下消防管路系统应每隔 100 m 设置支管和阀门,带式输送机巷道应每隔 50 m 设置支管和阀门,地面消防水池必须经常保持不小于 200 m^3 的水量。

(4) 进风井应安设防火铁门,铁门必须严密并易关闭,打开时不妨碍提升、运输和人员通行,并应定期检查维修。

(5) 加强消防器材管理。矿井必须在井上、下设置消防材料库。井上消防材料库应设在井口附近,并有轨道直达井口,但不得设在井口房内;井下消防材料库应设在井底车场或主要运输大巷中,并应装备消防列车;消防材料库储存的材料、工具的品种和数量应符合有关规定,并定期检查和更换,材料和工具不得挪作他用;井下爆破材料库、机电设备硐室、检修硐室、材料库、井底车场、使用带式输送机或液力耦合器的巷道以及采掘工作面附近的巷道中,都应备有灭火器材,其数量、规格和存放地点,应在"矿井灾害预防与处理计划"中确定。所有井下工作人员都必须熟悉灭火器材的使用方法和存放地点。

四、内因火灾

(一) 煤的自燃倾向性

煤的自燃倾向性是煤炭发生自燃的难易程度。《煤矿安全规程》第二百六十条将煤的自燃倾向性分为容易自燃、自燃、不易自燃3类。

（二）煤自燃的原因

煤在低温条件下氧化生热，生热加快煤氧化的速度，氧化速度越快生热越多，当温度达到煤的燃点时，就燃烧起来了。

煤炭自然发火的基本条件：① 有易燃的煤存在，并呈破碎状态堆积；② 有含氧较高的空气；③ 风速适当，煤氧化后所生热能不断积聚；④ 上述三条保持一定时间（也就是煤的自然发火期）。

（三）煤的氧化自燃过程

煤的氧化自燃过程分为潜伏时期、自热时期和燃烧时期，如图7-18所示。

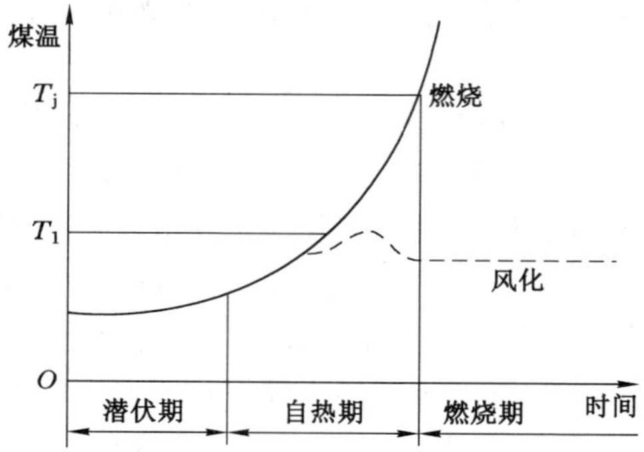

图7-18　煤的自燃氧化过程

1. 潜伏期

煤炭在常温下能吸附空气中的氧气，并在煤的表面生成不稳定的氧化物，此时生成的热量很少，能及时散发掉，因此，煤温不会升高。但是，煤的质量会略有增加，而且煤会被活化、着火温度会降低。这一时期是潜伏期。

2. 自热期

经过潜伏期，煤的氧化速度加快，如果氧化生成的热量不能散失，煤温则逐渐升高，煤周围空气中的氧浓度降低，出现一氧化碳和二氧化碳，在这个阶段煤体放出碳氢化合物，出现特殊气味，如煤油味、汽油味、松节油味、焦油味等。这一时期为自热期。

在自热期，如果改变供氧或散热条件，则煤的氧化自热过程可以终止，发热的煤体逐渐冷却，并逐渐转化为风化状态。风化状态的煤丧失了自燃能力。

3. 燃烧期

经过自热期，煤体温度继续升高，当达到临界温度（一般为70～100 ℃）以上时，煤氧化急剧加快，产生大量的热能，煤温度迅速上升，当达到煤的燃点时就燃烧起来，进入燃烧期。

（四）煤自燃的影响因素

1. 煤层的赋存条件

一般来说，煤层越厚，倾角越大，回采时会遗留浮煤和残煤越多，越易自燃；煤层越厚，回采速度越慢，采区回采时间超过煤的自然发火期，不易封闭隔绝采空区，越易发生自燃。据统计，80%的煤自燃发生在厚煤层中。

2. 开拓系统

开拓系统越复杂，漏风越大，越易自燃；煤体裂隙越多，漏风越大，煤层自燃发火越频繁。

3. 开拓、开采条件

开拓系统越简单，采空区隔离越好，煤炭回收率越高，采空区漏风越少，越不易自燃。

4. 通风条件

煤炭氧化生成的热量及其聚积，与风速大小有直接关系。当漏风大于 1.2 $m^3/(min \cdot m^2)$ 或小于 0.06 $m^3/(min \cdot m^2)$ 时不会自燃，最危险的风量为 0.4～0.8 $m^3/(min \cdot m^2)$。

5. 采空区管理

全部垮落法顶板管理工作面采空区，按煤的自燃情况分为3个带。① 冷却带(不自燃带)：位于工作面后方5～20 m处，为人员工作区域，风速高，散热好，所以不会发生自燃；② 氧化带(自燃带)：由不自燃带向采空区内延伸25～90 m的空间，风流呈层流流动，浮煤氧化生热积聚，温度上升，可导致自燃；③ 窒息带(惰化带)：在90 m以外，冒落岩块逐渐压实，漏风基本消失。如果在自燃带内的自燃发展到窒息带内，也会因缺氧而窒息。如图7-19所示。

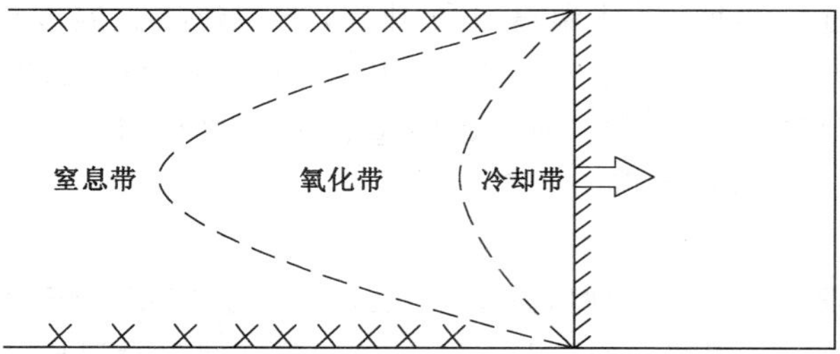

图7-19　按煤的自燃情况划分的采空区(漏风区)3带

(五) 煤早期自燃的识别与预报

煤自燃的发展过程中各物理、化学变化，是识别和预报煤炭早期自燃的根据。识别方法可分为人的直接感受、测温预报法、气体分析法和物探测定法。

1. 人的直接感觉

(1) 视力感觉：可见雾气和“挂汗”。

(2) 气味感觉：出现煤油味、汽油味、松节油味或焦油味。

(3) 温度感觉：灾区的煤、岩、气、水温明显升高 。

(4) 疲劳感觉：人体出现头痛、闷热、疲乏、四肢无力等不适感。

2. 测温预报法

煤的自燃会产生高温，测定矿内空气、围岩和流水的温度是煤炭早期自燃识别和预报的一个基本方法。

3. 气体分析法

煤的自燃过程中会产生一氧化碳、二氧化碳以及其他碳氢化合物，这些气体的生成浓度与煤体温度之间存在明显的对应关系，这些数据可作为判断煤炭早期自燃的发展指标。

4. 物探测定法

近年来，物探技术在寻找隐蔽火源中获得应用，目前主要有核物探技术和地质雷达探测技术。

（六）煤的自然发火期

煤的自然发火期是自然发火程度在时间上的度量，发火期越短的煤层，自然发火的危险性越大。煤的自然发火期是指在开采过程中暴露的煤炭从接触空气到发生自燃的时间。发火期较短的矿井一般不应采用煤巷开拓，采煤方法要保证最大的回采速度和最高的回采率，采空区要在最短的时间内予以封闭。

煤巷发火期：从揭开煤之日至煤自燃发火之日的天数。

采面发火期：从切眼打开之日至发火之日的天数。

每一煤层的所有采煤工作面和煤巷，都应进行自燃发火期的统计，以确定煤层的最短发火期。

（七）煤的自燃火灾的常发地点

（1）断层附近。断层附近破碎，工作面遇断层要留保护煤柱或易悬浮煤，放顶后断层漏风量较大，造成供氧条件，所以该地点容易自燃。

（2）高冒区。煤层巷道冒顶区域供氧条件好，易造成孔洞内煤的自燃。

（3）采煤工作面进风巷、回风巷和停采线附近。

（4）密闭墙内。当密闭墙质量较差，墙内有浮煤堆积，出现漏风供氧时,会发生自燃。

(5) 溜煤眼及联络巷。如果通风管理差,易造成漏风,从而使溜煤眼和联络巷内发生自燃。

(八) 内因火灾的预防措施

应坚持“安全第一、预防为主、综合治理”的原则,充分利用先进的科学技术和有效的管理方法,不断提高防治自燃火灾的能力。按照《煤矿安全规程》有关规定,采取预防性灌浆或充填、喷洒阻化剂、注阻化泥浆、注凝胶、注惰性气体、均压等措施,制定有关安全制度,开展自然发火监测。

1. 防止煤炭自燃的开拓开采技术

合理布置开拓方式、选择合理的采煤方法、选择合理的开采顺序,做到煤层切割量少、煤炭采出率高、工作面推进速度快、采空区容易封闭。

2. 防止漏风

防止漏风可以使煤在低温氧化过程中得不到足够的氧量,从而在一定程度上延长煤的自然发火期和防止煤自燃的发生。

3. 预防性灌浆

预防性灌浆就是将水和泥沙按一定的比例拌合,配制成浆液,利用管道系统送往采空区等可能发生煤自燃的地点。它是应用最为广泛且最有效的措施。

灌浆的作用是泥浆能够隔绝氧气与煤的接触,杜绝煤氧化,并对发热煤降温。

灌浆有采前灌浆、随采随灌和采后灌浆。

灌浆防灭火时,采区设计必须明确规定巷道布置方式,隔离煤柱尺寸,灌浆系统、疏水系统、预筑防火墙的位置以及采掘顺序;安排生产计划时,必须同时安排防火灌浆计划,落实灌浆地点、时间、进度、浓度和灌浆量;对采区开采线、停采线、上下煤柱线内的采空区,应加强防火灌浆;应有灌浆前疏水和灌浆后防止溃浆、透水的措施。

4. 阻化剂防火

阻化剂是吸水性很强的无机盐类，它能附着在煤表面并吸收空气中的水分，在煤表面形成含水液膜，从而阻止煤、氧接触，阻止氧化作用。使用时，这些吸水性很强的盐类可以使煤长期处于潮湿状态，水分蒸发的吸热降温作用使煤在低温氧化过程中的温度不会升高。但当阻化剂一旦失去水，则阻止氧化并将转化为催化作用，能促进煤的氧化自燃。

阻化剂有：氯化钙（$CaCl_2$）、氯化镁（$MgCl_2$）、氯化铵（NH_4Cl）、碳酸氢铵（NH_4HCO_3）、水玻璃（$x Na_2O y SiO_2$）等。

5. 凝胶防火

凝胶防火技术是通过压注系统将水玻璃和促凝剂[铵盐：NH_4HCO_3最佳，NH_4Cl 次之，$(NH_4)_2SO_4$最差]按一定比例与水混合后，形成凝胶。凝胶体内充满了水分子和一部分氢氧化铵（NH_4OH）和氯化钠，硅胶起框架作用，并可把易于流动的水分子都固定在硅胶内部。成胶过程是吸热过程，同时有一小部分氢氧化铵分解成氨气和水。煤对氨气的吸附性比氧气强，可降低煤对氧气的吸附量，从而阻止煤的氧化自燃过程。

采用凝胶防灭火时应遵守相关规定：选用的凝胶和促凝剂材料，不得污染井下空气和危害人体健康，使用时，井巷空气成分必须符合《煤矿安全规程》的有关规定；编制的设计计划中必须明确规定凝胶的配方、促凝时间和压注量等参数；压注的凝胶必须充满全部空间，其外表应予喷浆封闭，并定期观测，发现老化、干裂时，应予重新压注。

凝胶具有固水性、阻化性、热稳定性和吸热降温性等较好的防灭火性能，防火有效期长，不易复燃，成本低廉，工艺简单，操作方便，现已成为主要的防灭火技术之一。

6. 惰性气体防灭火

惰性气体防灭火，就是将不助燃也不能燃烧的惰性气体注入已封闭的或有自燃危险的区域，降低该区域的氧气浓度，从而使火区因缺氧而逐渐熄灭，或者使采空区中因缺氧而使遗煤不能氧化自燃。

常用的惰性气体有氮气、液氮和湿式惰气等。采用氮气防灭火时，氮气源要稳定可靠；注入的氮气浓度不小于97%；至少有1套专用的氮气管路输送系统及其附属安全设施；有能连续监测采空区气体成分变化的监测系统；有固定或移动的温度观测站和监测手段；有专人定期进行检测、分析和整理有关记录，发现问题及时报告处理。

7. 均压防灭火技术

均压防灭火技术是通过均衡漏风通道进出口两端的风压，以杜绝或减少漏风的技术。该技术既能防火，又能灭火。

(1) 开区均压：在生产工作面建立均压系统，以减少向采空区的漏风，抑制煤的自燃，防止一氧化碳等有害气体超限积聚或向工作面涌出。

(2) 闭区均压：在有可能发生自燃或已自燃而封闭的区域采取均压措施。

第五节　矿井水灾防治

矿井水灾是煤矿的主要灾害之一。在煤矿建设和生产过程中，往往会遇到程度不同的透水事故，轻则造成排水设备增多、费用增大、原煤成本提高、采区接续紧张，影响生产建设的发展；重则发生淹井事故，造成人员伤亡，经济损失巨大。因此，必须加强水文地质工作，掌握矿井水灾的水源分布和造成水灾的原因，采取相应的防治措施，防止水患的发生。

一、矿井水源

矿井突水的主要水源有含水层水、地表水、老空积水、大气降水、断层积水等。

二、矿井水害发生原因分析

（1）地面防水措施不当，或因对防洪设施管理不善、雨季山洪由井筒或塌陷区裂缝大量灌入井下，而造成水灾。

（2）水文地质资料不明，盲目施工。

（3）井口位置低于历年最高洪水位、井巷位置选择不合理等，都可能发生水灾。如井巷置于不良的地质条件中或接近强含水层附近，易导致顶底板透水。

（4）施工质量低劣，致使井巷塌落冒顶，导通顶板含水层发生透水事故。

（5）小煤窑乱采掘，破坏了防水煤、岩柱而造成透水。

（6）因测量失误和违章作业而造成水灾。

三、矿井透水的预兆

采掘工作面透水前一般都有预兆，井下工作人员熟悉这些预兆，对于及时采取对策、保证人员安全撤离有着重要的意义。透水预兆如下。

（1）煤壁或巷道“挂红”酸度大，水味发涩和有臭鸡蛋味。这是老空水的特点。铁锈使水变成红色，含硫化氢有臭鸡蛋味，酸性水发涩。

（2）煤壁或巷道“挂汗”，这是由于积水透过微孔隙而凝聚于岩石或煤层表面而形成的。顶板“挂汗”多呈尖形水珠，有“承压欲滴”之势，而自然预兆中的“挂汗”多为平形水珠，由蒸汽凝结于顶板所形成。

（3）煤层变冷，出现雾气。煤层含水增大时，热导率增大，用手摸煤壁时有发凉的感觉；巷道中出现雾气。

（4）顶板来压，淋水加大，或底板鼓起并有渗水。

(5) 出现压力水线(或称水线)。这表明距水源已较近,应密切注视水流情况。若出水混浊,说明水源很近;若出水清净,则说明水源稍远。

(6) 出现水流声。煤层有水挤出,并产生“嘶嘶”声,有时尚能听到空洞水声,这是透火危险的征兆。

(7) 工作面有害气体增加。因水积水区常散发瓦斯、二氧化碳和硫化氢等。

(8) 煤发潮、发暗、无光泽。干燥、光亮的煤由于水的渗入,可变得潮湿、暗淡,这说明附近有积水。

四、矿井防治水

煤矿防治水工作应本着“精准探测、超前治理、科学防控、绿色安全”的理念,坚持“预测预报、有疑必探、先探后掘、先治后采”的原则,落实“探、防、堵、疏、排、截、监”综合防治措施,形成“一矿一策、一面一策”制度,建立“理念先进、基础扎实、勘探清楚、科技攻关、综合治理、效果评价、应急处置”的煤矿防治水工作体系。

(一) 地表水防治

受地表水体威胁近水体下开采时,应留足防隔水煤(岩)柱;在松散含水层下开采时,应按照水体采动等级留设防水、防砂或者防塌等不同类型的防隔水煤(岩)柱。

陕北地区薄基岩下开采受地表水威胁时,可选用疏放水、河床改造、河流改道及降低采高等措施,经工作面采前防治水安全评价认为威胁消除后,方可回采。

(1) 对可能波及的废弃老窑、地面塌陷坑、采动裂隙以及可能影响煤矿安全生产的地表水体、水源井等进行调查,做好相应调查记录,更新台账,并采取相应防范措施。

(2) 完善井口和工业场地防洪设施,对可能溃入井下的井口附近或塌陷区波及范围的地表水体,应采取防范措施,清理淤塞的河道、沟渠。

（3）对水泵、水管、排水用的配电设备和输电线路，雨季前应全面检修1次；做好排水系统的检修和水仓、水沟、沉淀池的清理工作；雨季前完成全部工作水泵、备用水泵及潜水泵的联合排水试验工作。

（4）及时对地表采动裂缝及塌陷坑等进行充填、压实治理。

（5）对于导水裂隙带可与地表沟谷沟通的地段，应避开雨季回采，并建立暴雨停产撤人管理制度。

（二）井下水害防治

（1）严格执行井下探放水“三专”要求，即由专业技术人员编制探放水设计，采用专用钻机进行探放水，由专职探放水队伍施工。严禁使用非专用钻机探放水。

严格执行井下探放水“两探”要求，即采掘工作面超前探放水应当同时采用钻探、物探两种方法，做到相互验证，查清采掘工作面及周边老空水、含水层富水性以及地质构造等情况。有条件的矿井，钻探可采用定向钻机，开展长距离、大规模探放水。

采掘工作面遇有下列情况之一的，必须进行探放水：① 接近水淹或者可能积水的井巷、老空区或者相邻煤矿时；② 接近含水层、导水断层、溶洞或者导水陷落柱时；③ 打开隔离煤柱放水时；④ 接近可能与河流、湖泊、水库、蓄水池、水井等相通的导水通道时；⑤ 接近有出水可能的钻孔时；⑥ 接近水文地质条件不清的区域时；⑦ 接近有积水的灌浆区时；⑧ 接近其他可能突水的地区时。

（2）对影响采掘安全的煤层顶板导水裂隙带范围内的含水层或者其他水体，应采用超前疏放、注浆改造含水层、帷幕注浆、疏排、充填开采或者限制采高等方法防治。煤层顶板存在富水性中等及以上含水层或者其他水体威胁时，煤矿应对顶板导水裂隙带发育高度进行实测。

陕北地区存在烧变岩水威胁的矿井，应采用地面磁法、瞬变电磁法等至少两种地面物探方法，结合钻探、化探、水文地质试验等方法，对烧变岩赋存、富水性特征及补给条件进行探查。当烧变岩有稳定补给时，可采用留设防隔水煤（岩）柱、帷幕截流等方法治理。若烧变岩无稳定补给时，可采用留设防隔水煤（岩）柱、疏放水（抽水）等方法治理。

（3）受底板承压含水层水威胁的矿井，应编制开采可行性评价报告，由煤矿企业总工程师组织审定。可采用疏水降压、井下注浆加固改造煤层底板、地面区域超前治理或充填开采等措施，并进行效果检验，保证隔水层能够承受的水头值大于实际水头值。防治方案应由煤矿企业总工程师审批。

（4）煤矿应当根据老空水查明程度和防治措施落实到位程度，对老空水害防治实行分区管理，并由煤矿总工程师组织审批。将老空积水情况清楚且防治措施落实到位的区域划为可采区，否则划为缓采区。缓采区由煤矿地测部门编制老空水探查设计，通过井上、下探查手段查明老空积水情况，防治措施落实到位后，转为可采区。缓采区经治理后仍不能保证安全开采的，划为禁采区。

当老空有大量积水或者有稳定补给源时，应当优先选择留设防隔水煤（岩）柱；当老空积水量较小或者没有稳定补给源时，应当优先选择超前疏干（放）方法；对于有潜在补给源的未充水老空区，应当采取切断可能补给水源或者修建防水闸墙等隔离措施。

存在老空水威胁的矿井，在采用疏放措施时，应严格落实老空水探放“四步工作法”，即查全、探清、放净、验准，在采掘工程平面图、矿井充水性图上要标明积水线、探水线、警戒线、积水量等，空间探测范围要保证巷道掘进安全。同时，探放水前应确定如下参数：① 老空积水量、积水边界线、积水标高和水柱高度。② 探水线：探查无可靠资料的老空水，应先确定可疑区域，再由可疑区域边界水平外推 100 m 作为探水线；探查有一定图纸资料做参考的较可靠的老空水，应由积水边界线向外水平外推 80 m 作为探水线;煤矿自己开采的老空区位置准确、积水情况清楚时,根据水头值高低、煤(岩)层厚度、强度及安全技术措施等确定。③ 警戒线:图纸资料可靠的探水线水平外推 40 m 作为警戒线,图纸资料较可靠的探水线水平外推 50 m 作为警戒线,图纸资料不可靠的探水线水平外推 80 m 作为警戒线。

第六节　矿井顶板事故防治

在煤矿五大自然灾害中,顶板事故造成的死亡人数大约占30%。近年来,随着综合机械化采煤技术的大面积推广,采煤工作面的顶板事故有所下降。但是掘进工作面的顶板事故仍然多发,特别是在许多小煤矿,由于支护设施的落后,采掘工作面顶板事故仍是造成煤矿死亡事故的主要原因,其造成的死亡人数约占 40%。

一、矿山压力基础知识

地下岩体在受到开挖之前,原岩应力处于平衡状态。开掘巷道或者进行回采工作时,破坏了原始的应力平衡状态,引起岩体内部应力的重新分布,直至形成新的平衡状态。这种由于矿山开采活动的影响,在巷硐岩体周围岩体中形成的和作用在巷硐支护物上的力称为矿山压力。

(一) 岩体的原岩应力

地壳中没有受到人类工程活动影响的岩体称为原岩体,简称原岩。存在于地层中未受到工程扰动的天然应力称为原岩应力。天然存在于原岩内而与人为因素无关的应力场称为原岩应力场,它的主要组成部分为自重应力场和构造应力场。

1. 自重应力场

由地心引力引起的应力场称为自重应力场。地壳中任一点的自重应力等于单位面积上覆岩层的重量。

2. 构造应力场

由于地质构造运动而引起的应力场称为构造应力场。构造应力与岩体的特性(岩体中裂隙发育密度及方向,岩体的弹性、塑性、黏性等),以及地质构造现象(断层、褶皱等)有密切关系。目前,构造应力尚无法用数学、力学的方法进行分析计算,只能进行现场测定。构造应力以水平力为主,具有明显的区域性和方向性,其具有以下基本特点。

(1) 一般情况下,地壳运动以水平运动为主,构造应力主要为水平应力,而且地壳总的运动趋势是相互挤压,所以水平应力以压应力占绝对优势。

(2) 构造应力分布不均匀,在地质构造变化比较剧烈的地区,最大主应力的大小和方向往往有很大变化。

(3) 岩体中的构造应力有明显的方向性,最大水平应力和最小水平应力之值一般相差较大。

(4) 构造应力在坚硬的岩层中一般出现得比较普遍,在软岩中贮存构造应力很少。

3. 原岩应力分布的基本规律

通过理论研究、地质调查和大量的地应力测量资料分析得知,原岩应力分布的主要规律可归纳为以下几点。

(1) 实测铅直应力基本上等于上覆岩层的重量。

(2) 水平应力普遍大于铅直应力。

(3) 平均水平应力与铅直应力的比值随深度的增加而减小。

(4) 最大水平应力和最小水平应力的比值一般相差较大。

(二) 采动以后应力的重新分布规律

由于受到采动的影响,采动空间及周围岩层中矿山压力会发生改变,从而使应力重新分布。

在矿山压力的作用下,在采动空间内部以及周围岩体中出现的压力增大、片帮、底鼓、顶板下沉、破碎、冒顶、支架受力、折损等一系列现象，称为矿山压力的显现。矿山压力的存在是绝对的，而矿山压力的显现是相对的。

在采动以前应力是均匀分布的，一旦受到采动，则原来均匀分布的压力便被破坏，从而出现应力的重新分布，形成应力降低区、应力增大区及原岩应力区。

1. 煤巷上方的应力分布规律

在煤层中未开掘巷道以前，煤层上所受的力为原始状态，当巷道开掘以后，由于支撑原岩应力的煤被采出，会出现应力的重新分布。应力重新分布如图 7-20 所示。

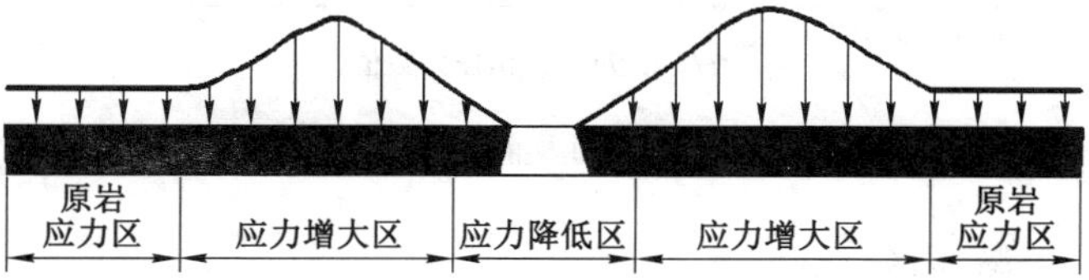

图 7-20　煤巷周边应力重新分布

（1）应力降低区。

在煤巷内部及两侧大约 5 m 范围内为应力降低区。特别是在巷道内部，原岩应力的分布为 0，煤巷的支护设备只承担部分直接顶的重量。此时，支护设备上所承受的力大小和直接顶的厚度、坚硬程度有关。如果直接顶破碎且厚度很大，则巷道支护设备所承受的力就很大；反之，直接顶完整且厚度小，则支护设备上所承受的力就小。如果直接顶坚硬，煤巷还可以不支护，形成裸体巷道。

（2）应力增大区。

在煤巷两侧 5～15 m 之间为应力增大区。应力最大区距巷道帮 7～8 m，其压力值可能为原岩应力的数倍。所以，在井下巷道的布置中如果必须出现两条巷道平行布置的情况时，一定要考虑两条巷道的间距最好保持在 20 m 以上，以避免两条巷道都处于压力增大区，给巷道的支护、使用和维护带来不便。

2. 采煤工作面及前方的支承压力分布规律

采煤工作面及前方的支承压力分布如图 7-21 所示。

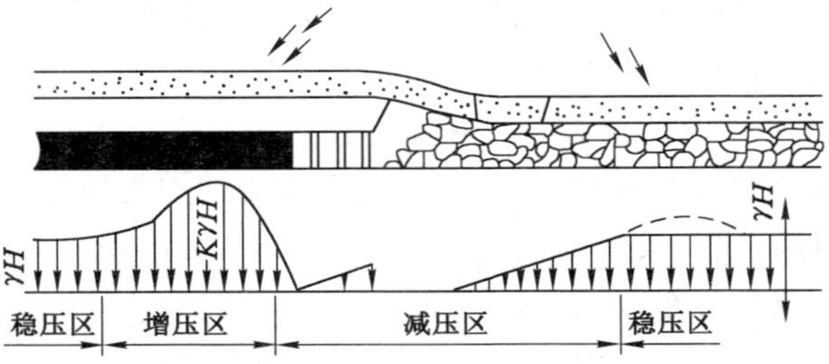

γH、KγH—矿山压力数值。

图 7-21 采煤工作面及前方的支承压力分布

(1) 减压区。

由于工作面的采动，在工作面控顶区及煤壁内约 5 m 范围之内形成的小于原岩应力的应力降低区，称为减压区。特别是在采煤工作面控顶区之内，其已经不受原岩应力的影响。采煤工作面的支护设备只承受直接顶的重量和部分基本顶的重量。当工作面基本顶来压时，工作面支架需承受上覆基本顶岩层的压力和全部直接顶的压力，此时，工作面压力最大。反之，如果基本顶来压过后，则工作面支架只承担全部直接顶的压力，此时，工作面压力相对较小。

在工作面控顶距内部，从煤壁向放顶线一侧压力逐渐增大，也就是说，放顶线一侧压力相对较大。这正是在回柱放顶过程中容易出现冒顶伤人的主要原因。在工作面的煤壁处，由于煤被压酥，所以不能支撑采动压力，采动压力为 0。但是，煤被压酥易出现片帮伤人及漏顶事故。

(2) 增压区。

从煤壁内约 5 m 以外一段距离可以认为是压力增大区，其压力超过原岩压力值。最大压力处于工作面煤壁前方约 10 m 的范围之内，这种压力叫采煤工作面的超前压力。此超前压力随着工作面的推进向前移动，所以也叫作动压。超前压力的超前范围，根据煤层的硬度及上覆岩层的厚度不同有所变化，一般在工作面前方 20～50 m 之间，煤质越硬，超前距离越小；煤质越软，超前距离越大。

为了防止采煤工作面超前压力对采煤工作面正常开采的影响，保证采煤工作面两巷及安全出口的畅通，必须对工作面两巷进行超前支护。采煤工作面必须保持至少 2 个畅通的安全出口，一个通到回风巷，另一个通到进风巷。

采煤工作面所有安全出口与巷道连接处 20 m 范围内，必须加强支护。对于某些采煤工作面，如果在工作面前方存在老巷，则必须提前对老巷进行加强支护，否则在超前压力的作用下会出现老巷内的大冒顶区，给工作面的开采带来很大困难。

3. 煤柱上方的支承压力分布规律

在煤矿井下出现的煤柱一般有两种，一种是两侧都为采空区的煤柱，主要有大巷保护煤柱、采区上下山保护煤柱和区段煤柱；另一种是一侧为采空区的煤柱，主要出现在井田边界处。煤柱的大小、宽窄也不相同。在矿井的开采中，特别是在老矿回收中经常会出现回采煤柱的情况，所以，有必要对煤柱上的支承压力分布规律有清晰的认识。

(1) 两侧为采空区的煤柱上支承压力的分布规律。留设煤柱的宽窄不同，其支承压力的分布也不尽相同。宽煤柱上支承压力的分布如图 7-22 所示，窄煤柱上支承压力的分布如图 7-23 所示。对于两侧都已采空的煤柱，由于两侧采空区都向煤柱上传递支承压力，在煤柱上出现的压力为两侧支承压力的合力，所以煤柱上压力很大。特别是对于宽度小于 20 m 的煤柱，其上部有极大的支承压力，在回收这样的煤柱时是非常危险的。

(2) 一侧为采空区的煤柱上支承压力的分布规律。对于一侧

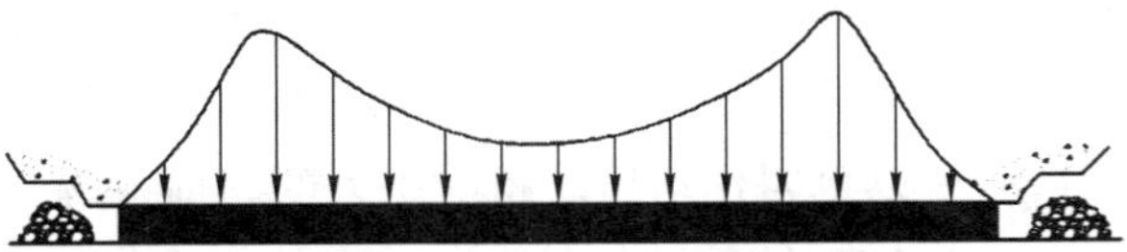

图 7-22　宽煤柱上支承压力的分布

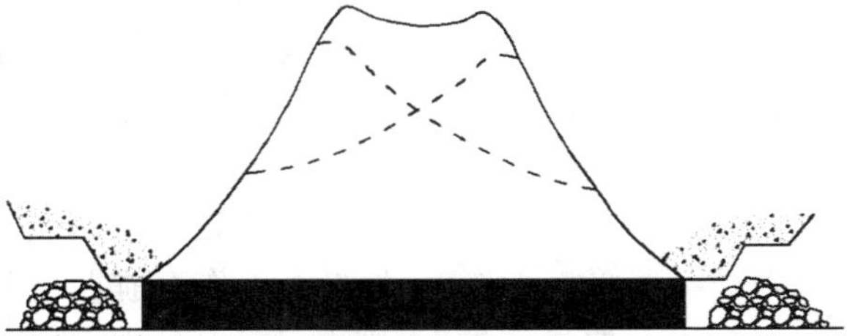

图 7-23　窄煤柱上支承压力的分布

为采空区的煤柱，由于采空区一侧向煤柱上传递了固定的支承压力，其压力的增大区位于煤柱中 5～15 m 的范围之内，而煤柱中 0～5 m 范围之内的压力相对较小。如图 7-24 所示。

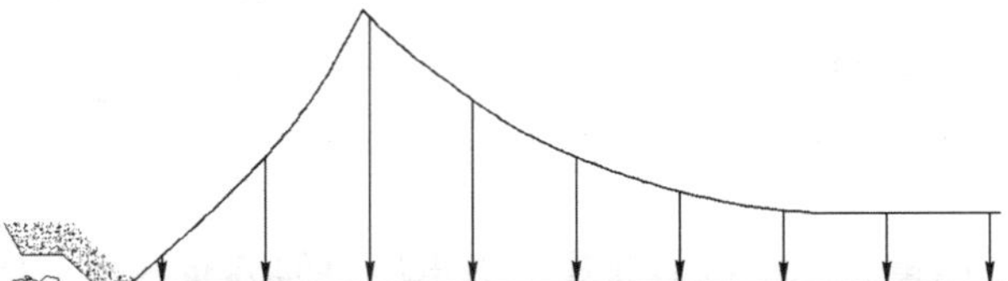

图 7-24　一侧为采空区的煤柱上支承压力的分布

二、顶板事故的分类及防治措施

（一）采煤工作面顶板事故的分类

1. 按造成冒顶的力源及施力方向划分

（1）压垮型冒顶：包括由于基本顶的断裂来压引起的冒顶；厚

层坚硬岩层大面积垮落引起的冒顶；直接顶冒落导致的冒顶。

（2）漏冒型冒顶：包括采煤工作面上下出口的漏顶；煤壁上方的漏顶；放顶线处的漏顶；地质破碎带处的漏顶。

（3）推垮型冒顶：包括复合顶板条件下的推垮型冒顶；分层开采时金属网假顶下的推垮型冒顶；大块游离顶板的推垮型冒顶；采空区冒落矸石冲入工作面推垮型冒顶。

2. 按冒顶的范围划分

（1）局部冒顶：冒顶范围比较小，小到冒落几块矸石，大到冒落几矿车矸石，经当班人员处理以后基本不影响正常生产，但有时会造成伤亡事故。

（2）大型冒顶：具有范围大、速度快、来势猛的特点，人员往往很难撤离，会造成3人以上的伤亡事故，处理起来非常困难。

（二）综采顶板事故的防治措施

1. 综采工作面发生冒顶的原因

在综合机械化采煤条件下，液压支架支护顶板发生大面积冒顶的概率几乎为零，其常见的顶板事故主要为局部冒顶，主要易发地点在支架顶梁控顶区内。发生冒顶事故的主要原因一般有以下几种。

（1）架型选择不合理，支架工作阻力不足。在实践中，由于此种原因造成的顶板事故不在少数，如在顶板破碎的情况下未采用掩护式支架，而采用垛式支架，引起冒顶和漏矸的事故；有的顶板压力大，而支架阻力偏小，活柱压缩量过大而引起冒顶事故，甚至压死支架。此类事故处理起来非常困难，因此，我们要做好顶板分类的合理化，根据岩性和顶板压力的特点，正确选择液压支架型号，并确定工作阻力。

（2）煤壁片帮。采高大、煤质软、顶板破碎的采煤工作面，冒顶多由煤壁片帮引起，因此，片帮严重时，液压支架一定要有护帮板。

(3) 采高超过支架的允许高度。采煤机割煤高度必须在支架支撑的有效高度内，若超过这个高度范围，顶板将失去支护，由此引发顶板大幅度下沉，从而引起冒顶。因此，严格控制采高，不可超过支架的允许高度，是防治此类事故发生的关键。

(4) 端面距范围管理不善。支架顶梁前端到煤壁之间，无支护，是引起冒顶的重要原因。一般情况下，端面距应不大于300 mm。

2. 综采工作面发生冒顶的特点

(1) 在中等稳定或不稳定顶板条件下，遇有节理发育或松软煤层，往往是先片帮后冒顶，继而片帮、冒顶交替出现。

(2) 若局部伪顶或直接顶岩块破碎垮落，支架接顶不好，造成局部顶板岩层悬空时，如遇设备故障或移架操作不当，就会导致顶板悬空岩层再次垮落，发展成为较大规模的片帮冒顶，即“小冒引起大冒”。

(3) 地质破碎带或煤岩松软带，易引起片帮、冒顶，其特点是在破碎带附近长期连续发生，直至过完破碎带为止。

(4) 随着液压支架的反复卸载，不断破坏岩层的暂时平衡状态，片帮、冒顶范围会反复发展与扩大。

3. 综采工作面冒顶事故的防治措施

(1) 及时支护。

采煤机割煤后先移支架，后移输送机，移架后应伸出伸缩梁打好护帮装置及时支护，以防止煤壁片帮。

(2) 超前支护。

如果采用正常的移架方法维护不住破碎顶板或煤壁片帮比较严重时，可采取超前采煤机进行移架，使支架顶梁顶住煤壁，不让顶板暴露出来而得以提前支护。

(3) 带压擦顶移架。

移架时让支柱仍保持一定的工作阻力，使顶梁贴着顶板擦顶前移，一定程度上可以减轻移架时顶板岩层的活动，减少由于移架而造成的顶板破坏。

(4) 挑倾向棚。

割过煤后，新暴露的顶板在短时间不会冒落，只是在支架卸载前移时才可能冒落，这样就可以采用挑倾向棚的办法。先移顶板较完整处的支架，移架时，在前梁上沿平行工作面方向放置 1～2 根 3～4 m 长的木梁，以便挑住附近不完整的顶板，再移附近顶板破碎处的支架。

(5) 架走向倾向棚。

当工作面顶板随采随落，且冒落的面积较大时，用挑倾向棚的方法来不及支护，而且顶板条件也不允许把前梁降下来放倾向梁。在这种情况下，可以在相邻支架间超前架设一梁二柱或一梁三柱的走向棚，在走向棚下面再架设 1～2 架临时倾向抬棚。倾向棚梁应同时托住三架走向棚梁，这样就可以将走向棚及倾向抬棚的支柱撤出，使相邻支架在倾向棚和走向棚的保护下前移。

(6) 架走向梁。

在煤壁靠顶板处掘一梁窝，将走向梁的一端架在煤壁上，另一端架在支架的顶梁上。如果煤壁容易片帮，则煤壁上不适宜或不能掘梁窝，这时可靠近煤壁侧打一临时贴帮柱。

(7) 铺金属网。

在支架顶梁上铺金属网，是管理破碎顶板的有效办法。当煤壁前控顶范围内的顶板破碎时，为保证支架顺利前移，顶网能顺利展开，也可在金属网下架走向梁，由走向梁预先托住顶板，让支架在走向梁及金属网的掩护下前移。

(8) 局部冒顶的处理。

在破碎顶板条件下，如果顶板管理不及时，很容易发生局部冒顶。局部冒顶不高和范围不大时，采用上述办法即可解决。如果冒顶高度和范围较大时，不及时处理就无法继续生产，必须立即处理。如果在支架顶梁上方冒顶，待冒落停止后，在支架前方打探板后再往顶梁上打木垛来处理。打木垛前，先在支架顶梁上打临时支柱支撑顶板，以保证打木垛人员的安全。清除浮矸、浮煤后，可打木垛，木垛要紧贴顶板，使顶板得到支撑。

如果直接顶沿煤帮冒落，而且冒落区矸石沿煤帮继续下流，用探板支护有困难时，则可采用打撞楔的办法处理。木楔的前端要削尖，长度要一样，打撞楔前，先在冒顶处架设倾斜棚子，把木楔放在棚梁上，其尖端指向顶板冒落处的煤帮，末端垫一方木块，用大锤打入冒顶处，用岩石托住，使其不再继续冒落。移液压支架时，使支架前梁托住倾斜棚梁，即可撤去棚腿。应保证有 2～3 架支架同时托住，以便移架。

（三）巷道顶板事故的分类与防治

巷道顶板事故按发生的地点不同，可分为两类：掘进工作面冒顶事故和巷道交叉处的冒顶事故。

1. 掘进工作面的顶板事故

（1）冒顶的原因。

掘进工作面破岩以后，顶部岩层便失去控制，若不及时支护，随时可能冒顶。已支护的顶部岩石，若支护失效，可能造成冒顶。

（2）防治措施。

应根据掘进工作面的顶板岩性决定控顶距。当顶板岩性破碎、裂隙发育时，应紧跟掘进支护，并及时延伸前探梁。应严格执行敲帮问顶制度，所有危石必须撬下，无法撬下时应采取临时支护措施，严禁空顶作业。在通过地质破碎带时，要缩小棚距，并将各架棚子连锁。通过破碎带时，要背好顶板，防止漏矸。炮掘工作面要严格控制炮眼装药量，防止因爆破崩倒棚子。锚杆支护巷道要注意眼深和锚杆的密度，必要时采用锚网联合支护。

2. 巷道交叉处顶板事故

（1）冒顶的原因。

交叉点处断面大、岩层松动范围大、巷道压力集中是冒顶的主要原因。交叉点处支护复杂，对支架的稳定性及支护强度都要求很高，如果支护不好则可能发生冒顶。

（2）防治措施。

开岔口处应选择在岩性好的位置；严格执行开口安全措施及操作规程；注意抬棚的架设质量与规格，保证有足够的强度。

三、冒顶的预兆及应急处置

各类冒顶事故在发生前都有预兆。按照矿井的客观实际情况，有针对性地采取各种有效的预防措施防止冒顶事故的发生，是煤矿的一项重要任务。

（一）冒顶的预兆

在冒顶事故发生前一般都有预兆，主要有以下几个方面。

（1）声音方面的预兆：基本顶在断裂时会发出鸣炮声、闷雷声；在基本顶的压力下直接顶碎裂，发出碎裂声；支护设备受压时有劈裂声。

（2）直接顶上的预兆：直接顶在压力的作用下，下沉速度加快、下沉量增大；直接顶裂隙条数增多并加宽，出现掉碴、"下矸雨"等现象。

（3）支护设备上的预兆：在压力的作用下，采掘空间的支柱受力增大，出现钻底、活柱下缩速度加快、下缩量加大等现象，有时支柱被压裂、压折或者支柱整体向一侧倾斜。

（4）煤壁上的预兆：煤壁在压力的作用下被压酥，片帮速度加快、片帮量加大。

（二）发现顶板冒落预兆时的应急处置

（1）迅速撤离。当发现冒顶预兆而难以采取措施防止冒顶时，要迅速离开危险区，撤退到安全地点。

（2）及时躲避。当冒顶发生又来不及撤离至安全地点时，应及时背靠煤帮站立，但要注意煤壁片帮伤人；如果靠近木垛时，也可撤至木垛处避灾。

(3) 立即求救。冒落基本稳定后，遇险人员应立即采取呼叫、敲打(不要敲打对自己有威胁的支架、物料和岩块)等方法，发出有规律、不间断的求救信号，以便撤离的人员了解灾情、组织力量进行抢救。

(4) 配合营救。发生冒顶埋人时，被埋压的人员不要惊慌失措，切忌猛烈挣扎；被隔堵的人员，应在遇险地点维护好自身安全，构筑脱险通道，配合外部的营救工作。

四、顶板事故的处理

(一) 重大灾害处理原则

煤矿顶板事故和其他重大事故一样，具有突发性、灾难性、破坏性和继发性的特点。当重大顶板事故发生以后，指挥者要依据每年编制的“矿井灾害预防与处理计划”，结合井下有关工程图纸以及事故现场的侦查信息，对事故进行判断，做出处理决定。这种方法属于经验型的，抢救成功与否很大程度上取决于指挥者判断的准确性和抢险救灾材料、设备的充足程度，以及救护队的行动是否正确。

(二)处理冒顶事故的基本原则

抢险救灾人员首先要设法直接和遇险人员联络(呼叫、敲打、使用地音探测器等)，以确定遇险人员的位置和人数。如果遇险人员所在地通风不好，必须设法加强通风。如果遇险人员被堵在里面，应利用压风管、水管及开掘巷道、打钻等办法，向遇险人员输送新鲜空气、饮料和食物。在抢救中必须注意抢险救灾人员的安全，要由有经验的人专门观察顶板，加强支护，保证后路畅通，发现有二次冒顶危险时要立即撤人。在抢救现场，应根据不同情况采用以下方法进行处理。

(1) 工作面冒落范围比较小，矸石块度小、比较破碎且继续下落，矸石扒一点、漏一点时，要用撞楔法处理。

(2) 如果遇险人员在金属网或荆条假顶下面，地板是岩石且掏不动时，可以沿煤壁掏小洞接近被埋人员。

(3) 如果工作面两头冒落人员堵在中间时，且采用掏小洞和撞楔法穿不过去时，可以采用另开掘巷道的方法接近被埋人员。

(4) 如果顶板冒落范围不大、遇险人员被大块矸石压住时，可以先用千斤顶顶开岩石，再用小木柱替代千斤顶，逐步接近被埋人员。

(5) 遇险人员靠近采空区时，可以采用由放顶区向里掏小洞，架设梯形棚，边掏小洞边支护，从而接近被埋人员。

(6) 如果工作面冒顶范围很大，遇险人员的位置在冒落区的中间时，采用掏小洞和撞楔法处理时间长、不安全时，可以沿煤层重新开切眼接近被埋人员。

(7) 如果顶板沿煤壁冒落、矸石块度比较破碎、遇险人员又靠近煤壁时，可采用沿煤壁向里掏小洞的方法接近被埋人员。

第八章 事故应急处置

矿井发生重大灾害事故初期，是抢救和控制事故的关键时机。灾区人员如何开展救灾和避灾，对保证灾区人员的自身安全和控制灾情的扩大具有重要的作用。即使在事故处理的中后期，也需要入井人员正确实施避灾自救和帮助，才能提高抢险救灾的工作成效。大量事实证明，当矿井发生灾害事故后，入井人员在万分危急的情况下，如能及时采取措施，正确开展自救互救，则可降低事故危害程度，减少人员伤亡。

一般来说，对入井人员的事故应急处置技能要求如下。

(1) 掌握矿井灾害事故的特点和规律，事故发生后要沉着冷静，不要惊慌失措。

(2) 熟悉所在矿井的灾害预防和应急预案。

(3) 学会识别各种灾害的预兆，学会处理突发事故的方法。

(4) 熟悉矿井的井下巷道、避灾路线、安全出口和避灾硐室。

(5) 掌握避灾方法，每一位入井人员都必须随身携带自救器并会使用自救器。

(6) 掌握抢救伤员的基本方法和现场急救的操作技术。

第一节 入井人员的自救

自救，就是矿井发生意外灾变事故时，在灾区或受灾变影响区域的每个工作人员进行避灾和保护自己而采取的措施及方法。

一、及时报告

发生灾变事故后，事故地点附近的人员应尽量了解或判断事故性质、地点和灾害程度，在保证自身安全的前提条件下，迅速地利用最近处的电话或其他方式向矿调度室汇报，并迅速向事故可能波及的区域发出警报，使其他工作人员尽快知道灾情。在汇报灾情时，要将看到的异常现象（火烟、飞尘等）、听到的异常声响、感觉到的异常冲击如实陈述，不能凭主观想象判定事故性质，以免给领导造成错觉，影响救灾。

二、积极抢救

灾害事故发生后，处于灾区内以及受威胁区域的人员，应沉着冷静，根据灾情和现场条件，在保证自身安全的前提下，采取积极有效的方法和措施，及时投入现场抢救，将事故消灭在初起阶段或控制在最小范围，从而最大限度地减少事故造成的损失。在抢救时，必须保持统一的指挥和严密的组织，严禁冒险蛮干和惊慌失措，严禁各行其是和单独行动；要采取防止灾区条件恶化和保障救灾人员安全的措施，特别要提高警惕，避免中毒、窒息、爆炸、触电、二次突出、顶帮二次垮落等再生事故的发生。

三、安全撤离

当受灾现场不具备事故抢救的条件或存在可能危及人员安全的情况时，应由在场负责人或有经验的老工人带领，根据“矿井灾害预防和处理计划”中规定的避灾路线和当时、当地的实际情况，尽量选择安全条件最好、距离最短的路线，迅速撤离危险区域。在撤退时，要服从领导，听从指挥，根据灾情使用防护用品和器具；要发扬团结互助的精神和先人后己的风格，主动承担工作任务，照料好伤员和年老体弱者；遇有溜煤眼、积水区、垮落区等危险地段，应探明情况，谨慎通过。

四、妥善避灾

如无法撤退（通路冒顶阻塞、在自救器有效工作时间内不能到达安全地点等）时，应迅速进入预先筑好的或就近快速建筑的临时避难硐室，妥善避灾，等待矿山救护队的援救，切忌盲动。事故现场实例表明，遇险人员在采取合适的自救措施后，遇险人员生还的概率可大大提高。

第二节 入井人员的自救装备

入井人员必须随身携带自救器。《煤矿安全规程》第二百二十三条规定：突出煤层采掘工作面附近、爆破撤离人员集中地点、起爆地点必须设有直通矿调度室的电话，并设置有供给压缩空气的避险设施或者压风自救装置。工作面回风系统中有人作业的地点，也应当设置压风自救装置。

一、自救器

自救器是一种轻便、体积小、便于携带，戴用迅速、作用时间短的个人呼吸保护装备。当井下发生火灾、爆炸、煤和瓦斯突出等事故时，供人员佩戴，可有效防止中毒或窒息。从国内外事故教训来看，不少遇难者如果在遭遇事故时佩戴自救器，是完全可以避免死亡的。煤矿常用的隔离式自救器分为化学氧自救器和压缩氧自救器。

（一）化学氧自救器

它是利用化学生氧物质产生氧气，供入井人员从灾区撤退脱险用的呼吸保护器，适用于灾区环境大气中缺氧或存有有毒气体的情况。

1. 化学氧自救器的使用步骤

（1）佩戴时，将腰带穿入自救器腰带环内，并将自救器固定在背部后侧腰间。

（2）使用时，先将自救器沿腰带转到右侧腹前，左手托底，右手下拉护罩胶片，使护罩挂钩脱离壳体丢掉；再用右手掰锁口带扳手，至封条断开后，丢开锁口带。

（3）左手抓住下外壳，右手将上外壳用力拔下丢掉。

(4) 将挎带套在脖子上。

(5) 用力提起口具,立即拔掉口具塞,将口具放入口中,将口具片置于唇齿之间,牙齿紧紧咬住牙垫,紧闭嘴唇。

(6) 两手同时抓住两个鼻夹垫的圆柱形把柄,将弹簧拉开,憋住一口气,使鼻夹垫准确地夹住鼻子。若不能产生氧气,则向气囊吹口气,使药品发生反应。

(7) 戴好头带。将头带分开,一根戴在头顶,一根戴在后脑勺上。

(8) 戴好安全帽,迅速撤离灾区。

(9) 撤离灾区时,若感到吸气不足,应放慢脚步,做长呼吸,待气量充足时再快步行走。

2. 化学氧自救器使用时的注意事项

(1) 佩戴化学氧自救器行走时,不要慌张,呼吸要均匀,步行速度根据情况调整。

(2) 注意保持口具与鼻夹戴好,不能漏气。

(3) 如果呼吸时感到有轻微的盐味,不要取下口具,这是由于少量药粉从药罐中被气流带出来,不存在危险。

(4) 防止损坏气囊,不要压紧气囊,防止氧气损失。

(二) 压缩氧自救器

压缩氧自救器是利用压缩氧气供氧的隔离式呼吸保护器,是一种可反复多次使用的自救器,每次使用后只需要更换新吸收二氧化碳的氢氧化钙吸收剂和重新充装氧气即可重复使用。压缩氧自救器适用于存在有毒气体或缺氧的环境下。

1. 隔离式压缩氧自救器的使用步骤

(1) 携带时挎在肩膀上。

(2) 打开外壳封口带扳把。

(3) 打开上盖,左手抓住氧气瓶,右手用力向上提上盖,氧气瓶开关即自动打开(或逆时针完全开启氧气阀门),随后将主机从下壳中拖出。

(4) 摘下帽子,挎上挎带。

(5) 拔开口具塞,将口具片放于唇齿之间,牙齿咬住牙垫。

(6) 将鼻夹夹在鼻子上,开始呼吸。

(7) 在呼吸的同时,按动补给按钮,大约1~2 s后气囊充满,立即松开按钮(使用过程中发现气囊空、供气不足时,按上述方法操作)。

(8) 挂上腰钩。

2. 隔离式压缩氧自救器使用时的注意事项

(1) 高压氧气瓶储装有20 MPa的氧气,携带过程中要防止撞击、磕碰,禁止当坐垫使用。

(2) 携带过程中严禁开启扳把。

(3) 撤离时,严禁摘掉口具、鼻夹或通过口具讲话。

3. 自救器的选用

2011年1月27日国家安全监管总局和国家煤矿安监局发布的《禁止井工煤矿使用的设备及工艺目录(第三批)》规定:一氧化碳过滤式自救器从该目录发布之日起1年后禁止使用。其原因是一氧化碳过滤式自救器使用条件非常有限,只能用于氧气浓度大于17%及一氧化碳浓度小于1%的灾害环境中;安全性较差等。故煤矿井下禁止使用过滤式自救器。《煤矿安全规程》第六百八十六条规定,入井人员随身携带额定防护时间不低于30 min的隔绝式自救器。

第三节 紧急避险系统和压风自救系统

煤矿井下紧急避险系统是指在煤矿井下发生紧急情况时,为遇险人员安全避险提供生命保障的设施、设备、措施组成的有机整体。紧急避险系统建设的内容包括:为入井人员提供自救器、建设井下紧急避险设施、合理设置避灾路线、科学制定应急预案等。

井下紧急避险设施是指在井下发生灾害事故时，为无法及时撤离的遇险人员提供生命保障的密闭空间。该设施对外能够抵御高温烟气，隔绝有毒有害气体；对内提供氧气、食物、水，去除有毒有害气体，创造生存基本条件，为应急救援创造条件、赢得时间。紧急避险设施主要包括：永久避难硐室、临时避难硐室、可移动式救生舱。

永久避难硐室是指设置在井底车场、水平大巷、采区（盘区）避灾路线上，具有紧急避险功能的井下专用巷道硐室。它服务于整个矿井、水平或采区，服务年限一般不低于 5 年。

临时避难硐室是指设置在采掘区域或采区避灾路线上，具有紧急避险功能的井下专用巷道硐室。它主要服务于采掘工作面及其附近区域，服务年限一般不大于 5 年。

可移动式救生舱是指可通过牵引、吊装等方式实现移动，适应井下采掘作业地点变化要求的避险设施。

一、在避难硐室内避难时应注意的事项

(1) 进入避难硐室前，应在硐室外留有衣物、矿灯等明显标志，以便救护队发现。

(2) 待救时应保持安静，不急躁，尽量俯卧于巷道底部，以保持精力、减少氧气消耗、避免吸入更多的有毒气体。

(3) 充分、合理地选用水、食物和压缩空气，最大限度地延长生存时间，等待救援。

(4) 硐室内只留一盏矿灯照明，其余矿灯全部关闭，以备再次撤退时使用。

(5) 间断敲打铁器或岩石等，以发出呼救信号。

(6) 全体避灾人员要团结互助、坚定信心。

(7) 被水堵在上山时，不要向下跑出探望。水被排走露出棚顶时，不要急于出来，以防二氧化硫、硫化氢等气体中毒。

(8) 看到救护人员后，不要过分激动，以防血管破裂。

二、紧急避险装置和设备的要求

(1) 避难所必须设置隔离门。避难所净高不得低于 1.8 m，其长度应根据同时避难的最多人数确定。

(2) 避难所在使用期间必须采用正压排风。

(3) 避难所内必须设有供给空气设施，每人供风量按不少于 0.3 m^3/min 计算。

(4) 避难所内应根据避难的最多人数配备足够数量的隔离式自救器。

三、煤矿压风自救系统的使用

当井下发生煤与瓦斯突出、危及在场人员生命，或发现有煤与瓦斯突出预兆时，或瓦斯严重超标、对工作人员生命有严重威胁时，现场工作人员首先要以最快的速度打开压风自救装置的箱门，再打开气动阀，戴上面罩进行呼吸、等待救援。需要注意的是，不能猛力拉拽面罩，以防将输气导管的接头拉开或将导管拉断。

四、煤矿压风自救系统的维护及保养

压风自救器装置是为避灾而设置的，所以必须是百分之百的可靠、准确，因此，必须每月都进行维护、保养。维护、保养必须做到以下几个方面。

(1) 应检查自救站或系统的通风是否完好。

(2) 检查送气口是否有气送出、气动阀把手是否灵活可靠，清洗积水杯或更换过滤器。

(3) 清洗、更换滤网，取出滤网，用空气由内向外吹，即可重复使用。

(4) 检查结果一切符合要求，按原样放置以备用。

第四节　入井人员的互救与现场急救

入井人员的互救是指井下发生灾变事故后，没有受伤的人员妥善地救护受伤人员的方法及措施。在保证安全的前提下，救护人员应在原地对受伤人员进行检伤，待实施包扎、止血、固定等救治措施后再搬运。

入井人员互救时必须遵守“三先三后”的原则，即对窒息（呼吸道堵塞）或呼吸、心搏骤停的伤员，必须先复苏后搬运；对出血的伤员，必须先止血后搬运；对骨折的伤员，必须先固定后搬运。

一、适用范围

（1）人工呼吸：适用于触电、休克、溺水、有害气体中毒、窒息或外伤性窒息等引起的呼吸停止、处于假死状态者。

（2）心脏复苏：适用于已停止呼吸、心搏骤停的伤员。

（3）止血：适用于出血及大出血的伤员。

二、急救方法

（一）人工呼吸

1. 人工呼吸前的检查和准备工作

（1）检查。在施行人工呼吸前，必须根据造成窒息的原因，对伤员进行身体检查。主要检查是否有伤口、创面和出血，有无骨折，尤其是胸部有无骨折，溺水窒息的有无腹水及控出等。对检查出的伤害，经处理完后，再进行人工呼吸前的准备工作。

（2）准备工作。① 将伤员迅速搬运到附近较安全又通风的地方，并保证顶板良好、无淋水。② 将伤员的领口解开，腰带放松，脱掉其胶靴，并适当为其覆盖，注意保暖。③ 清除伤员口腔中的粉尘、血块、痰液、假牙等污物，以保证其呼吸道畅通。

2. 人工呼吸的操作方法（口对口吹气法）

操作前先使伤员仰卧在地上或木板上，救护者在其头部一侧，一手托起其下颌，并尽量使其头部后仰；另一手将其鼻孔捏住，以免吹气时从鼻孔漏气。救护者自己先深吸一口气，贴紧伤员的口，将气吹入其口中；然后松开捏鼻子的手，并用一手压伤员的胸部，以帮助其呼气。如此有节律地、均匀地反复进行，每分钟吹气14～16 次（约 5 s 一次），直到伤员复苏，能够恢复自主呼吸为止。操作要领是：捏鼻张嘴，贴紧吹气，放松呼气，反复进行，直至复苏。如图 8-1 所示。

当病人牙关紧闭不能张口或口腔有严重损伤者，可改用口对鼻人工呼吸。

图 8-1　口对口人工呼吸

（二）心肺复苏

心肺复苏是对心跳、呼吸骤停所采取的最初紧急救护措施。若发现伤员已经停止呼吸，同时心跳也不规则或已停止，只要心脏停止搏动还未超过 5～6 min，在有效的人工呼吸的基础上，实行体外心脏按压，仍有可能使伤员复苏。心脏复苏操作方法有以下两种。

1. 心前区捶击术

在做胸外心脏按压前，先做心前区捶击术。救护人员使伤员取头低脚高位，以左手手掌置伤员的心前区，右手握拳在左手手背上用力捶击 3～5 次，每次间隔 1～2 s。捶击胸前区有时能使心脏复跳。如果捶击无效，应及时正确地进行胸外心脏按压。

2. 胸外心脏按压法

救护人员让伤员仰卧在木板或地面上，解开其上衣和裤带，站在伤员一侧或跨跪在伤员腰的两边。救护人员的手掌面与前臂垂直，双手重叠平放在伤员胸廓正中间(胸骨下段略偏左)。救护人员借助自己上半身的力量，用力垂直向下挤压伤员胸廓 3～4 cm 后，随即放松，使伤员的胸廓自行弹起。如此反复地、有节律地进行挤压和放松，每分钟 60～80 次，直至伤员复苏为止。心肺复苏有效时，可见伤员的瞳孔由大变小，并有对光反射。如图 8-2 所示。

胸外心脏按压法配合人工呼吸的操作方法：胸外心脏按压和人工呼吸最好是两人共同操作，各自按自己的操作方法进行。两人操作时，每分钟按压心脏 60～80 次，人工呼吸 15 次；每压胸 30 次，吹气 2 次。

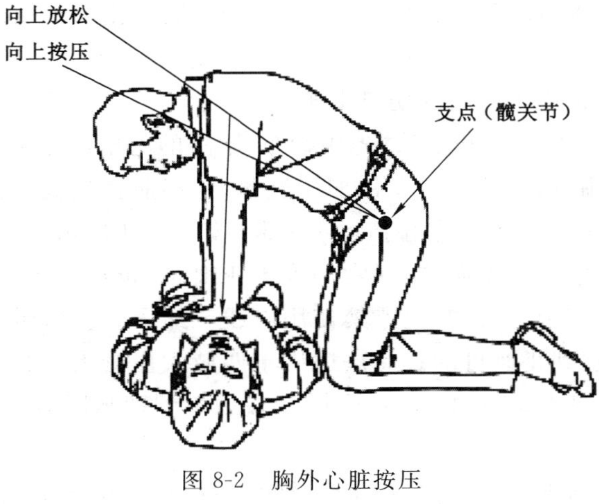

图 8-2　胸外心脏按压

（三）止血

创伤一般都会出血，特别是较大的动脉血管的损伤，甚至会引起大出血。人体的总血量为 5 000～6 000 mL，急性出血超过 800～1 000 mL 时，就会有生命危险。如果抢救不及时或抢救方法不恰当，就会使伤员出血过多，甚至危及生命。在发生外伤、出血量较多时，伤员会脸色苍白、出冷汗、手脚发凉、呼吸急促，伤情也会迅速恶化。在这种情况下，首先要准确有效地止血，然后进行其他急救处置，这对于抢救伤员、减少伤亡损失，有着十分重要的积极意义。

1. 出血的种类及判断方法

（1）动脉出血：颜色鲜红似喷泉。

（2）静脉出血：颜色暗红流得缓。

（3）毛细血管出血：血液渗出像出汗。

2. 常见的动脉出血的止血方法

（1）指压（压迫）止血法：在伤口的上方（近心端）用拇指压住出血的血管，以阻断血流。此法是用于四肢大出血的暂时性止血措施，其时间不宜过久，应迅速寻找材料止血。如图 8-3 所示。压迫包扎法常用于一般的伤口出血。

（2）加压包扎止血法：先用纱布、干净的毛巾和布料等盖住伤口，再用绷带、三角巾或布带加压缠紧，并将肢体抬高。此法是最常见的有效止血法，适用于全身各部。如图 8-4 所示。

（3）止血带止血法：通常用橡皮止血带，也可用大三角巾、绷带、手帕、布带等代替，但严禁使用电线或绳子。止血带可以把血管压住，达到止血目的。此法适用于四肢大血管大出血。缚扎止血带松紧度要适宜，以出血停止、远端摸不到动脉搏动为准。如图 8-5 所示。

（4）加垫屈肢止血法：前臂和小腿出血不能制止，并且没有骨折和关节脱位时采用。如图 8-6 所示。

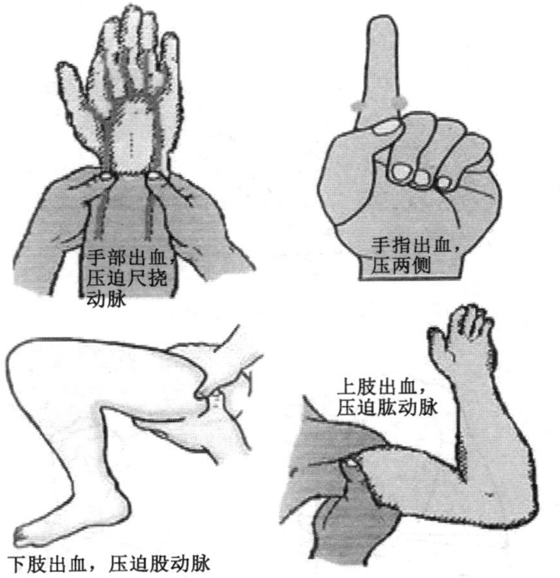

图 8-3　指压(压迫)止血法

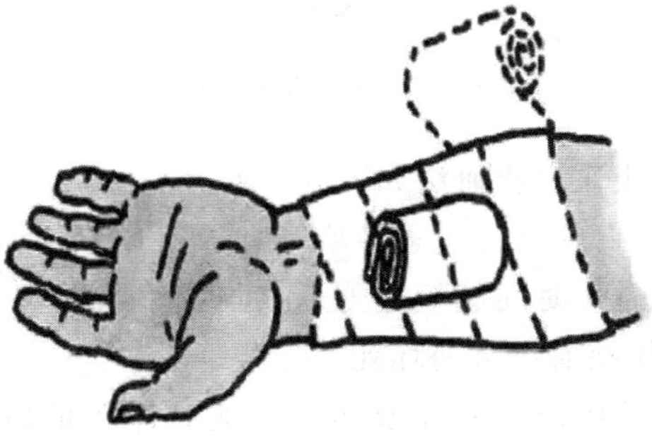

图 8-4　加压包扎止血法

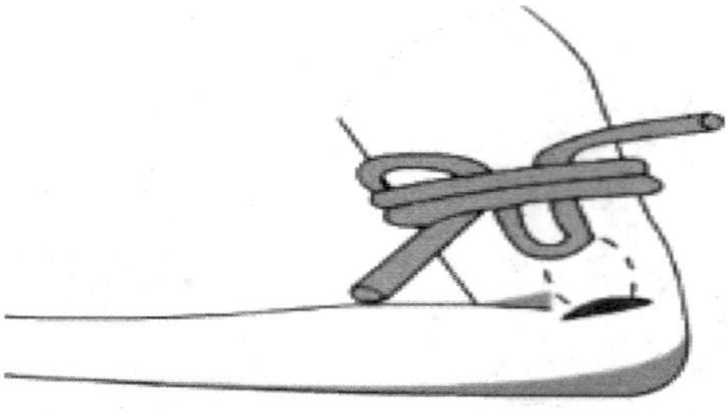

图 8-5　止血带止血法

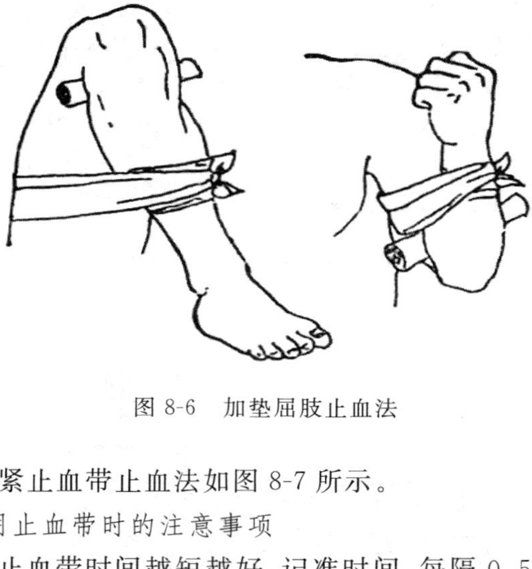

图 8-6　加垫屈肢止血法

（5）绞紧止血带止血法如图 8-7 所示。

3. 使用止血带时的注意事项

（1）扎止血带时间越短越好，记准时间，每隔 0.5～1 h 放松一次，以免肢体缺血过久而坏死。

（2）严重挤压伤的肢体或伤口远端肢体严重缺血时，不能上止血带。

（3）必须先衬上绷带、布块或将其绑在衣服外面，以免损伤皮下神经。同时，绑的松紧程度一定要适宜，避免勒伤皮肤，以摸不

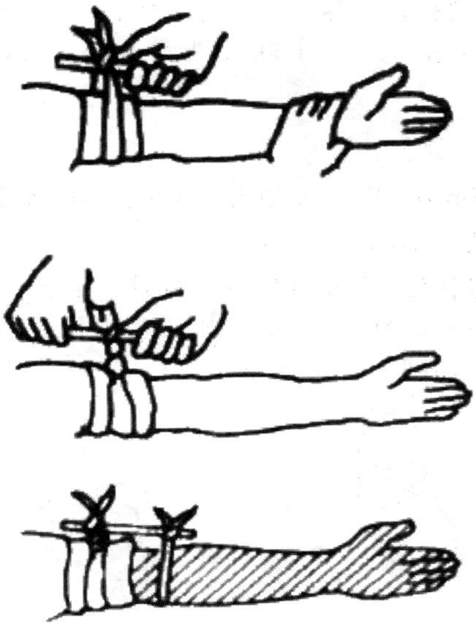

图 8-7 绞紧止血带止血法

到远端脉搏和使出血停止为宜。缚扎部位尽量靠近伤口，以缩小缺血范围。

(4) 上止血带位置：对前臂开放性损伤，大量出血时，上止血带的部位应在上臂中上 1/3 处；对小腿动脉出血，止血带的部位应在大腿中下 1/3 处。

(四) 包扎

包扎是指对外伤的伤员经过止血后，立即用急救包、纱布、绷带或毛巾等把伤口包扎起来。如不及时包扎，伤口被污染，有可能引起化脓感染、气性坏疽及破伤风等病症，严重时甚至危及生命。所以，在井下无法做清创手术的情况下，必须先对伤口进行包扎，以达到保护伤口、减少感染、压迫止血、减轻疼痛、固定敷料和夹板的目的。

包扎材料有胶布(橡皮膏)、绷带、纱布、三角巾、四头带等,也可就地取材,用毛巾、手帕、布料、衣服等代替。三角巾包扎法适用于身体各部位。

1. 现场实用的包扎方法

(1) 毛巾包扎法:用于头顶部、面部、下颌、肩部、背部、胸部、腹部等处的包扎。如图 8-8(a)所示。

(2) 布条包扎法:主要有环形包扎法、螺旋包扎法、螺旋反折包扎法、"8"字包扎法等。"8"字包扎法多用于关节处的包扎及锁骨骨折的包扎。如图 8-8(b)所示。

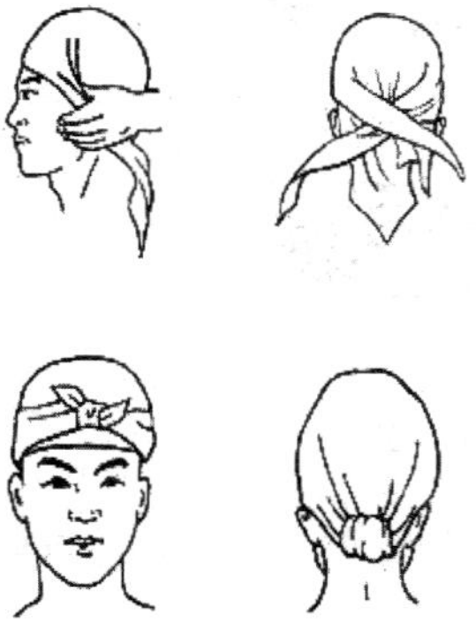

(a) 毛巾包扎法

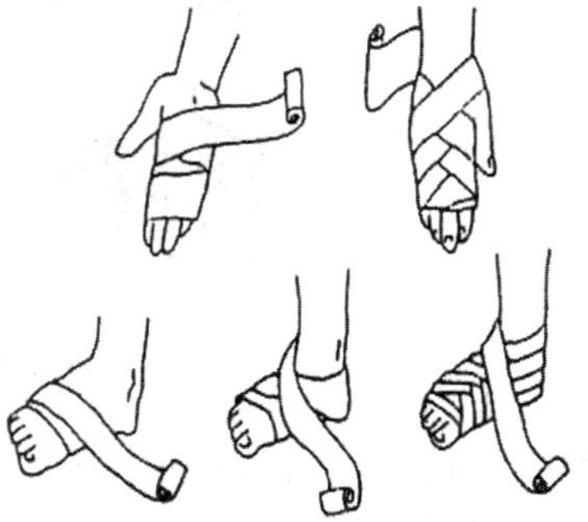

(b) "8"字包扎法

图 8-8 包扎方法

2. 包扎时的注意事项

(1) 应做到动作迅速、敏捷,不可触碰伤口,以免引起出血、疼痛和感染。

(2) 不能用井下的污水冲洗伤口。伤口表面的异物(如煤块、矸石等)应去除,但深部异物需运至医院取出,防止重复感染。

(3) 包扎动作要轻柔、松紧度要适宜,不可过松或过紧,结头不要打在伤口上,应使伤员体位舒适,包扎部位应保持在功能位置。

（4）脱出的内脏不可纳回伤口，以免造成体腔内感染。

（5）包扎范围应超出边缘 5～10 cm。

（五）固定

骨折的临时固定可减轻伤员的疼痛，防止因骨折端移位而刺伤邻近组织、血管、神经，也是防止创伤休克的有效急救措施。

1. 操作要点

（1）在进行骨折固定时，应使用夹板、绷带、三角巾、棉垫等物品；也可就地取材，用板皮、木板、木棍、衣物、毛巾等代替；必要时可将伤肢固定在健肢上，如将上肢与上体固定在一起、下肢与下肢固定在一起、伤指与邻指固定在一起。

（2）若骨折断端错位或断端已刺破皮肤暴露于外，不可复位，而应按受伤原状包扎固定。

（3）固定时应在皮肤外面垫上棉团或衣物，以免压伤皮肤及神经。固定应以伤肢不能活动为度，不可过松或过紧。

2. 固定方法

（1）上臂骨折：肘关节应弯曲 90°，在上臂内、外侧各置一块夹板，放好衬垫，用毛巾或布条将前臂吊于胸前，再用一条布带将上臂固定于胸部。若无夹板时，可用一宽布带将上臂固定于胸部，再用一布带将前臂吊于胸前。

（2）前臂及手部骨折：两块夹板分别放置于前臂及手的掌侧和背侧，加垫后用布条或毛巾固定。肘关节屈曲 90°，用布带将前臂吊于胸前。

（3）大腿骨折：用两块夹板，外侧由腋窝到足跟，内侧由大腿根到足跟，加垫后，用数条布带分段固定。无夹板时，可用健肢固定。如图 8-9 所示。

（4）小腿骨折：从大腿中部至足跟的两块夹板，置于小腿内、外侧，加垫后分段固定。无夹板时，可用健肢固定。如图 8-9

所示。

(5) 骨盆骨折:用衣物将骨盆部包扎住,并将伤员两下肢捆绑在一起,膝、踝间加以软垫,屈髋,屈膝;或将伤员仰卧平托在木板担架上,并加以固定。对骨盆骨折者,应注意检查有无内脏损伤及内出血。

(6) 锁骨骨折:用布带进行“∞”形状固定,固定时双臂应向后伸。

(7) 脊柱骨折:可用3块夹板架进行“工”字形固定。

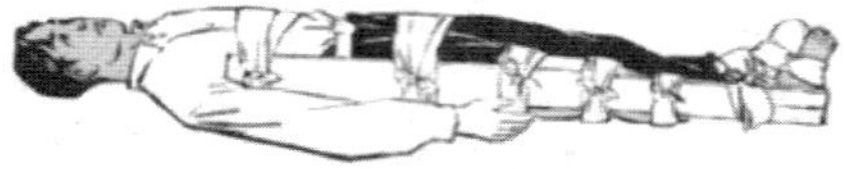

大腿骨折夹板固定

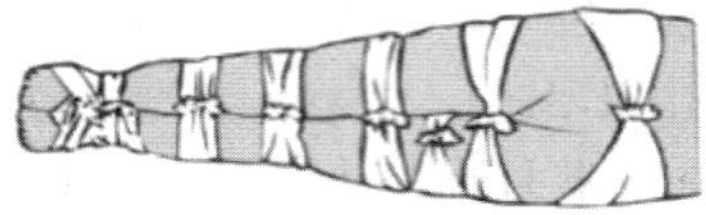

大腿骨折健肢固定

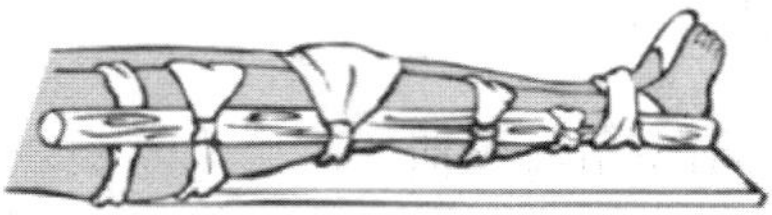

小腿骨折夹板固定

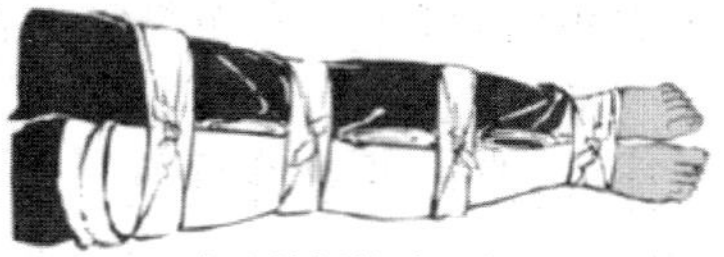

小腿骨折健肢固定

图 8-9 腿部骨折固定法

(六) 搬运

1. 搬运伤员的一般方法

(1) 担架搬运法:由3～4人为一组,小心谨慎地把伤员移上担架。

① 平托法：3～4 人首先用双手伸插在伤员的头、肩、背、髋部和下肢下面，然后动作一致将伤员托起平放在担架上。

② 翻滚法：对趴卧在地面上的伤员，搬运人首先将双手伸插在伤员的颜面、前胸、腹、髋和膝部下面，然后动作一致将伤员翻滚到担架上。

（2）单人徒手搬运法：扶持法、背负法、肩负法、抱持法等。

（3）双人徒手搬运法：坐法、抱持法等。

2. 搬运受伤部位不同伤员时应采取的方法

搬运伤员是一个重要环节，如搬运不当，可使伤员伤情加重，严重时还会造成神经、血管损伤，甚至瘫痪和死亡。所以，采取正确的搬运方法是十分重要的。

在伤员伤情较轻时，可以根据情况采用扛、背、抱、扶的方法。如果伤情较重，就要采用担架搬运，并视伤员受伤部位不同采取以下搬运方法。

（1）颈椎骨折伤员的搬运方法。

对颈部骨折的伤员，应由 4 人负责搬运，其中 1 人负责牵引伤员头部，使其头保持与躯干成直线位置，维持头部不动；3 人蹲在伤员的一侧，其中 1 人抱住下肢，2 人托住躯干（平托法），在统一口令下协同动作（避免偶然的弯曲），将伤员平放在硬板担架上，使其呈仰卧状态。随后在伤员头颈部两侧用衣服垫紧，防止其头部转动。

（2）胸、腰椎骨折伤员的搬运方法。

急救时应让伤员平卧，严禁坐起或站立。对胸部骨折的伤员，禁止用仰卧软性担架。腰椎骨折应使脊柱保持伸直位，切不可屈曲或扭转。搬运胸、腰椎骨折伤员时，要有 3 人用平托法（都蹲在伤员的一侧，1 人托肩、1 人托臀、1 人托两下肢）协调一致地将伤员平放在硬板担架上，使其取仰卧位，在其腰部可垫约 10 cm 高的小棉团。脊柱损伤搬运如图 8-10 所示。

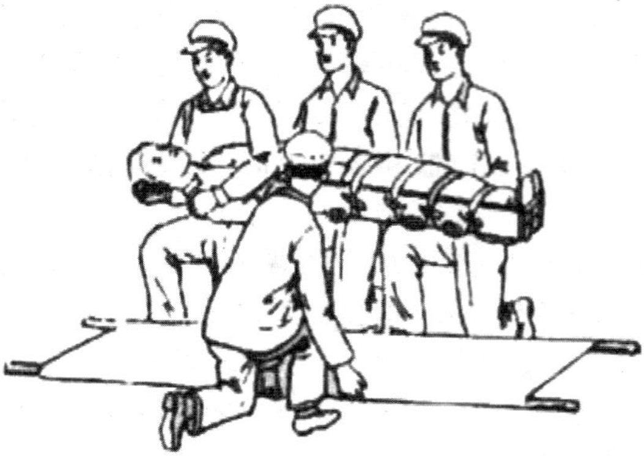

图 8-10　脊柱损伤搬运示意图

(3) 骨盆骨折伤员的搬运方法。

将伤员骨盆部用宽布带、宽布条或宽皮带环绕包扎固定。将伤员仰卧放在担架上,使其两膝半屈,在其膝下可垫衣服。

(4) 昏迷或有窒息危险伤员的搬运方法。

对昏迷或有窒息危险伤员的搬运,应采取侧卧位,以免搬运伤员时其将呕吐物吸入呼吸道。为防止昏迷伤员的舌后坠堵塞声门,救护人员应用手从其下颌骨后方托向前侧,将其舌牵出,使其声门通畅。

(5) 颅脑损伤伤员的搬运方法。

为保持伤员呼吸道畅通,应使伤员在半伏卧或侧卧位,在其胸前(颌下)垫软垫,并用衣服将伤员头部垫好、防止振动。救护人员应注意防止伤员呕吐时因误吸而引起窒息。

(6) 腹部伤员的搬运方法。

需使伤员取仰卧位、两肢屈曲,防止其因腹压增高而加重腹部疼痛和内脏脱出,并注意敷料渗血情况。

(7) 四肢骨折伤员的搬运方法。

四肢骨折伤员应做临时固定后，用担架运送。肢体离断伤员的残肢应用干净毛巾、干净布包裹后，随伤员同时运送。

(六) 特殊情况下对伤员的急救

1. 对中毒或窒息伤员的急救

(1) 立即将伤员从险区抢运到新鲜风流中，并将其安置在顶板良好、无淋水和通风正常的地区。

(2) 迅速将伤员口、鼻内的黏液、血块、泥土、碎煤等清除，并解开其上衣和腰带，脱掉其鞋子，用衣物等覆盖在伤员身上使其保暖。

(3) 根据呼吸、心跳、瞳孔等特征和伤员的神志情况，初步判定伤员伤情的轻重。对呼吸困难或停止呼吸者，应及时进行人工呼吸。人工呼吸的持续时间以伤员恢复自主性呼吸或到确实出现死亡征象为止。对呼吸困难或呼吸停止者，应及时进行人工呼吸。当出现心跳停止等现象(心音、脉搏消失，瞳孔散大、固定，意识消失)时，除进行人工呼吸外，还应同时进行胸外心脏按压急救。

(4) 对二氧化硫和二氧化氮中毒者，只能进行口对口人工呼吸，不能进行压胸或压背法人工呼吸，否则会加重伤情。当伤员出现眼睛红肿、流泪、畏光以及喉痛、胸闷现象时，说明是二氧化硫中毒所致。当伤员出现眼睛红肿、流泪、喉痛及手指、头发梢发黄现象时，说明是二氧化氮中毒。将伤员送往医院后，必须向大夫明确说明情况，以免误诊。

(5) 人工呼吸和心脏按压应坚持持续操作，以伤员恢复自主性呼吸或确实出现死亡征象为止。当医护人员到达后，应转由医护人员抢救。

2. 对出血人员的急救

出血较多者，一般表现为脸色苍白，出冷汗，手脚发凉，呼吸急促。对这类伤员，首先要尽快、准确有效地止血，然后进行其他急救处理。止血的方法根据出血种类的不同而不同。对毛细血管和静脉出血者，一般用干净布条包扎伤口即可。对大的静脉出血者，可用加压包扎法止血。对动脉出血者，应采用指压止血法或加压包扎止血法。对因内伤而咳血的伤员，首先使其取半躺半坐的姿势，以利于呼吸和预防窒息；然后劝慰伤员平稳呼吸、不要惊慌，以免血压升高、呼吸加快、出血量增多；要鼓励伤员耐心等待医生下井急救，或护送其出井就医。

3. 对烧伤人员的急救

(1) 尽快扑灭伤员身上的火，使其尽快脱离热源，缩短被烧时间。

(2) 检查伤员呼吸、心跳情况；查清其是否合并有其他外伤、是否存在有害气体中毒现象；对爆炸冲击烧伤的伤员，应特别注意有无颅脑或内脏损伤和呼吸道烧伤。

(3) 伤员因疼痛和恐惧发生休克或发生急性喉头梗阻而窒息时，应进行人工呼吸等急救。

(4) 为减少疮面的污染和损伤，在现场检查伤员时，其衣服可以不脱、不剪开。

(5) 用较干净的衣服把伤面包裹起来，防止感染。在现场，除化学烧伤可用大量流动的清水持续冲洗外，对疮面一般不做处理，尽量不弄破水泡以保护表皮。

(6) 运送伤员时，动作要轻柔，行进要平稳，并随时观察伤情。

4. 对触电人员的急救

(1) 立即切断电源，或使触电人员脱离电源。

(2) 迅速观察伤员有无呼吸和心跳。若发现呼吸停止或心音微弱，应立即进行人工呼吸或胸外心脏按压。

(3) 若伤员呼吸和心跳都已停止时，应同时进行人工呼吸和胸外心脏按压。

(4) 对遭受电击人员，如有其他损伤（跌伤、出血等），应做相应的急救处理。

5. 对溺水人员的急救

(1) 以最快的速度检查溺水人员的口鼻，如果有泥沙和污垢堵塞，应迅速清除，擦洗干净，以保持呼吸通畅。

(2) 使溺水人员取俯卧位，用木料、衣服等垫在其肚子下面，或救护人员将左腿跪下，把溺水人员的腹部放在救护人员的大腿上，使其头朝下，压溺水人员的背部，迫使其体内的水从气管、口腔里流出。

(3) 当上述方法达不到控水效果时，应立即做俯卧压背式人工呼吸或口对口吹气，或进行胸外心脏按压。

第五节　入井人员的紧急避险

一、在灾区紧急避险时的行动准则

(一) 选择适宜的避灾地点

应迅速进入预先构筑好的避难硐室或其他安全地点暂时躲避；也可利用工作地点的独头巷道、硐室或两道风门之间的巷道，用现场的材料修建临时避难硐室。

(二) 保持良好的精神状态

千万不可过分地悲观和忧虑，更不能急躁盲动、冒险乱闯。人员在避难硐室内应静卧，避免不必要的体力消耗和空气消耗，从而延长待救时间。要树立获救脱险的信念，互相鼓励，保持旺盛的斗志和克服一切艰难困苦的信心，坚持到安全脱险。

(三) 加强安全防护

要密切注视事故的发展和避灾地点及其附近的烟、风流、顶板、水情、温度等的变化。当发现危及人员的安全情况时，应就地取材构筑安全防护措施，如用支架、木料建防护挡板，防止冒顶煤矸垮入避难硐室；用衣服、风筒堵住避难硐室的孔隙或建临时挡风墙、吊挂风帘，防止有害气体涌入等。在有毒有害气体浓度超限的恶劣环境中避难，要坚持使用压风自救装置或自救器。

（四）改善避灾地点的生存条件

如发觉避灾地点条件恶化、可能危及人员的安全时，应立即转移到附近的其他安全地点。离开原避灾地点后，应在转移行进沿途设置明显指示标记，以便救护队跟踪寻找。若因条件限制无法转移时，也应积极采取措施，努力改善避灾地点的生存条件，尽量延长生存时间。

（五）积极同救护人员取得联系

应在避难硐室外或所在地点附近，采取写字、遗留物品等方式，设置明显标志，为救护队指示营救目标。在避灾地点，应用呼喊、敲击顶帮或金属物等方式发出求救信号，从而与救护人员取得联系。如有可能，可寻找电话或其他通信设备，尽快与井上、下领导通话。

（六）积极配合救护人员的抢救工作

在避灾地点听到救护人员的联络信号或发现救护人员来营救时，要控制自己的情绪，不可慌乱和过分激动，应在可能的条件下积极配合。脱离灾区时，要听从救护人员的安排，保持良好的秩序，并注意自身和他人安全，避免造成意外伤害。

二、井下紧急避险措施

（一）井下发生火灾事故时的紧急避险措施

（1）抓住时机进行现场抢救，防止火灾扩大。

（2）处于烟火中的人员，要立即佩戴自救器，迅速向新鲜风流中撤退。

（3）如果退路被堵或其他原因造成无法撤退时，要及时进入两道风门之间或避难硐室避难，等待援救。

［案例 1］ 某矿井东翼运输大巷发生外因火灾（如图 8-11 所示）。东翼大巷总入风量足，风速大，火势发展迅速。火烟、有毒有

害气体随着风流波及420采区，严重威胁着采区人员的生命安全。在矿井主要通风机无反风设施的紧要关头，矿总工程师指挥派遣2个救护小队进入灾区救助引导420采区人员，沿避灾路线1→2→3→4→120井安全脱离灾区并升井，避免了一起多人重大死亡事故的发生。

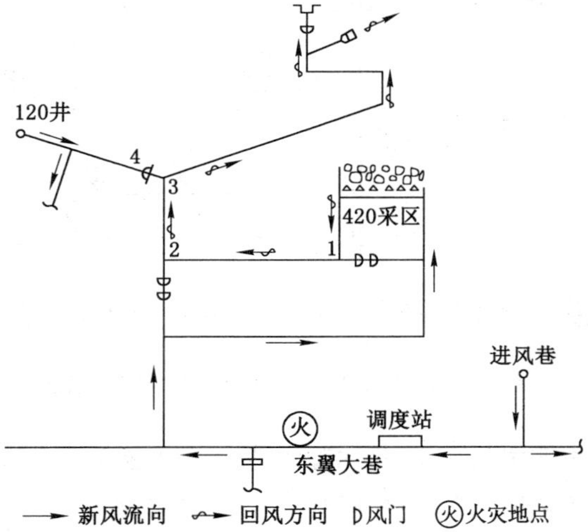

图8-11　某矿井东翼运输大巷发生外因火灾示意图

［案例2］　某矿2614下材料道外端发生火灾（如图8-12所示），造成灾区内有4人没能及时撤退，被高温火烟堵到2614上材料道内（原是老探煤巷，巷道长500多米，整修后做上材料道用）。该区域没有形成通风系统，采用两台局部通风机分别向切眼和2614上材料道供风。由于火势发展迅猛，灭火人员用了较长时间才将火扑灭。待抢救人员进入探煤巷后，发现4人死于冒落区以里200 m处。在此段巷道内，发现风筒被扎2处，棚梁上挂有工具包及铁铲，遇险人员没有采取任何自救措施。假如他们能借助2614上材料道的位置建筑临时避难硐室避灾，在外部抢救人员灭

火措施得力的情况下,有可能获救。

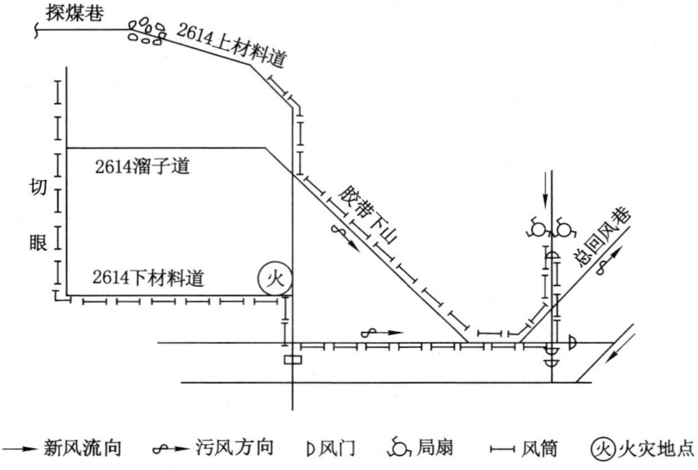

图 8-12 某矿 2614 下材料道外端发生火灾示意图

(二) 井下发生瓦斯、煤尘爆炸事故后的紧急避险

1. 掘进工作面发生爆炸事故时的紧急避险

在掘进工作面发生爆炸事故时,要立即佩戴好自救器,迅速撤离灾区。若巷道受到严重破坏,佩戴好自救器后,要千方百计地设法疏通巷道,尽快撤到新鲜风流中去;如无法疏通巷道,遇险人员要稳定情绪,坐在良好完整的支架下一侧,或进入硐室、盲巷内,佩戴好自救器,利用一切可能的条件,建立临时避灾硐室进行避灾。

2. 采煤工作面发生爆炸事故时的紧急避险

采煤工作面发生爆炸事故,可能造成严重的垮帮冒顶和通风系统被破坏,灾区内的入井人员有中毒的危险,因此在爆炸后要迅速佩戴好自救器,处于进风侧的人员,要迅速逆风、快速撤离到新鲜风流中;处于回风侧的人员,要沿最短的路线撤离到新鲜风流中。如果撤离不出去,要先佩戴好自救器,并协助重伤员撤离到较安全的地点，等待救援。在附近若有盲巷，要在保证安全的情况下，进入盲巷内避灾，并用木料、风筒等建成临时避难所，把矿灯、衣服等置于避难所外显见的位置，以利于救护人员及时发现。

3. 瓦斯爆炸瞬间的紧急避险

瓦斯爆炸瞬间，爆炸周围的空气有颤动现象和“嘶嘶”的空气流动声，入井人员一旦发现这种情况，要立即背向空气运动的方向倒地俯卧，面部贴地，用毛巾或手捂住口、鼻，暂停呼吸，防止高温气流吸入体内。俯卧时，用矿帽护住颈项，用衣物护住身体各个部位，以避免烧伤和烫伤。爆炸后，迅速佩戴好自救器，认清方向沿避灾路线尽快撤离到新鲜风流中。若巷道损坏、撤退不出时，要尽快躲到较完全的棚子下避灾，等待救援。

[案例 3]　某矿 163 胶带机道发生瓦斯爆炸事故(如图 8-13 所示)。瓦斯爆炸后产生大量的有毒有害气体，沿十六层上山进入采煤工作面，威胁着工作面人员的生命安全。这时，矿调度室指挥灾区人员沿工作面上出口回风巷进入西总回风巷，经西风井撤出矿井。但是，人员撤退时，在西总回风巷至西风井风门以里，沿途中毒倒下 10 余人。由于抢救及时避免了伤亡，否则后果不堪设想。由此看来，沿这条避灾路线撤退是极为错误的，矿调度室的指挥属违章指挥。正确的避灾路线应该是：由工作面上安全出口→西总回风巷→打开 A 点调节风门→十七层上山下行→水平大巷，从而撤离灾区。

(三) 井下发生煤(岩)与瓦斯(二氧化碳)突出时的紧急避险

在有煤与瓦斯突出危险的矿井或工作面，入井人员必须随身携带隔离式自救器，出现突出预兆时，立即佩戴好自救器，迅速撤离危险区。在撤退过程中，当退路被堵时，可到专门设置的避难硐室或压风自救处躲避。

(四) 发生水灾事故时的紧急避险

遇涌水事故时，应先避开水头冲击(手扶支架或多人手挽手)，

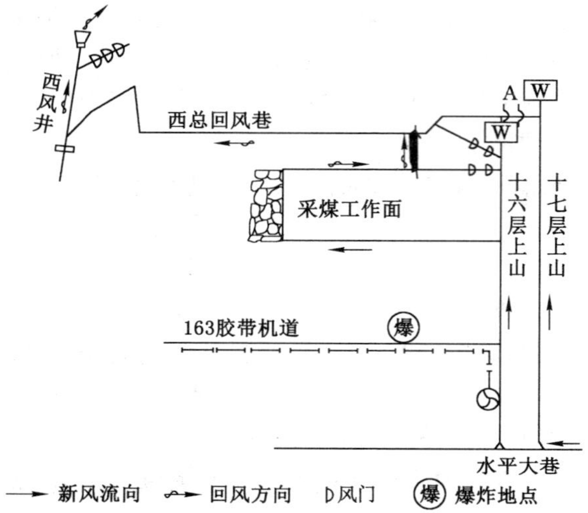

图 8-13 某矿 163 胶带机道发生瓦斯爆炸事故示意图

然后撤退到上部水平。不得进入涌水地点附近的独头巷道中。但当独头上山下部的唯一出口已被涌水淹没而无法撤退时，可在独头上山迎头躲避。水位上升到一定位置后，上山上部会因空气被压缩而保持一定的空间。遇老空积水涌出时，则应在躲避前快速建筑临时避难硐室，以防被涌出的有害气体所毒害。

案例 4 某矿在掘进工作面发生透水事故，如图 8-14 所示。某矿在掘进轨道反上山时穿透采空区，在胶带反上山工作的 13 名矿工被困在掘进工作面，透水后外部最高水位比掘进工作面高 54 m。因该巷道有一趟压风管通到外部，有人为了向被困地点供风，打开了压风管。但人员被困地点的空气却通过压风管向外泄露，并使水位上升。有 1 名遇险人员发现后，及时关闭了压风管，空气停止外泄，水位停止上升，13 名矿工得以继续避灾，并坚持到安全脱险。

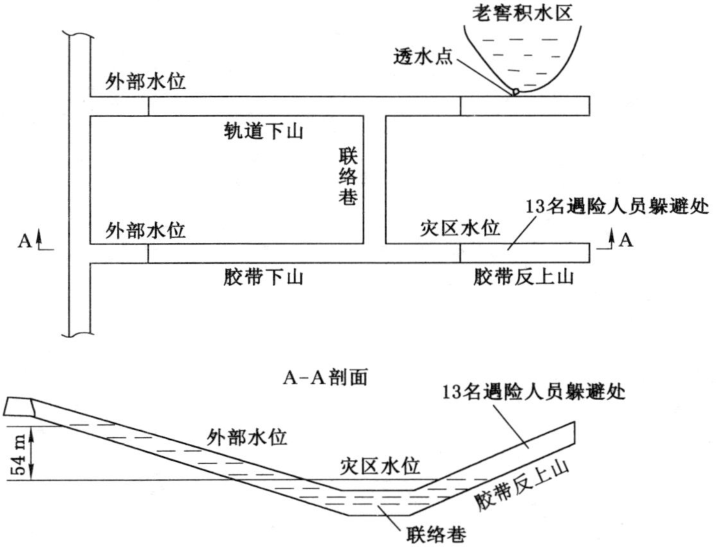

图 8-14　某矿掘进工作面发生透水事故示意图

禁止标志

禁带烟火

禁止酒后入井

禁止明火作业

禁止启动

禁止送电

禁止扒乘矿车

禁止扒、登、跳人车

禁止登钩

禁止跨、乘输送带

禁止井下攀牵线缆

禁止标志

禁止入内

禁止停车

禁止驶入

禁止通行

禁止穿化纤服装入井

禁止放明炮、糊炮

禁止井下睡觉

禁止同时打开两道风门

禁止井下随意拆卸矿灯

警告标志

注意安全

当心瓦斯

当心冒顶

当心火灾

当心水灾

当心煤（岩）与瓦斯突出

当心有害气体中毒

当心爆炸

当心触电

当心坠落

警告标志

当心坠入溜井

当心发生冲击地压

当心片帮滑坡

当心矿车行驶

当心绊倒

当心滑跌

当心交叉道口

当心弯道

当心道路变窄
（左、右、正向）

指令标志

必须戴安全帽

必须携带自救器

必须携带矿灯

必须穿带绝缘保护用品

必须系安全带

必须戴防尘口罩

指令标志

必须桥上通过

必须走人行道

鸣笛

必须加锁

必须持证上岗

紧急出口
（左、右向）

电话

躲避硐

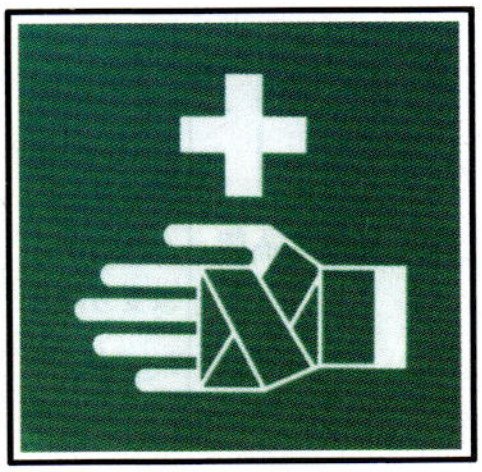

急救站

爆破警戒线

危险区

沉陷区

前方慢行

进风巷道

回风巷道

运输巷道

指示牌

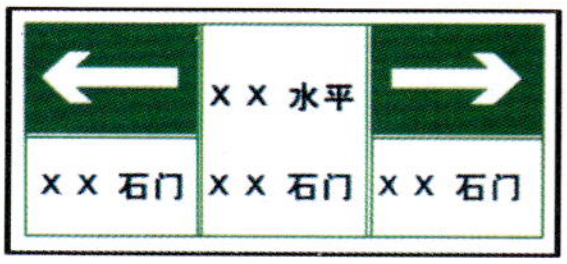

路标

避火灾、瓦斯爆炸路线

避水灾路线

避有毒有害气体路线

永久密闭
编号:
材料:
时间:

永久密闭

测	风	牌	
断面		CH_4	
风速		CO_2	
风量		温度	
地点		湿度	
时间		测风员	

测风牌

炮	检	牌	
时间 / 浓度	装药前	放炮前	放炮后
CH_4			
CO_2			
地点		班次	
时间		瓦检员	

炮检牌

瓦斯巡检牌			
次数 / 浓度	一次	二次	三次
CH_4			
CO_2			
地点			
时间			

瓦斯巡检牌